輕食丼

adito アヂト

瑞昇文化

目次

前 言

從過去18年的經驗，
習得關於「暢銷丼」的想法與竅門

「adito」（アヂト）在2002年於東京都世田谷區的駒澤開業，過去18年承蒙諸多客人的蒞臨光顧。即便店舖座落在距離車站需步行20分鐘的住宅區裡，卻還能一路經營至今日。或許是因為從開業之始，adito就秉持著「希望客人在店裡能當在自己家一樣輕鬆自在」。身為員工的我們，也希望自己能在這間店開心長遠地工作下去。

出乎意料地，這18年間成為本店最重要品項的竟是「丼飯」。丼飯搭配小菜與味噌湯的「成人定食」套餐銷量佔總營業額的6成以上。剛開始提供沒有提供每日「成人定食」套餐，而是改成隨時調整菜餚內容，因此每年會出現總數多達80種的丼飯。這18年開發的丼飯或許已有1500種。世界上有很多咖啡店，不過應該沒有店像adito一樣，開發出為數如此眾多的輕食丼。於是，本次以「輕食丼」之名出書成冊，希望這麼做不會讓各位覺得太不知分寸。

adito（アヂト）出品的丼飯「成人定食」時只有一種選擇，但會每天替換。花更多心思在食材進貨與準備後，目前每天會提供最少3種，最多6種的品項供客人選擇。現在已經

adito　住所：東京都世田谷区駒沢5-16-1
營業時間：12:00～24:00（最後點餐：23:30）
定休日：星期三（國定假日除外）
座位數：1樓14席、2樓20席

能壓低人事與材料成本，對經營上很有幫助的丼飯

充滿玩味之心，無論店家或客人都會感到興奮的丼飯

又簡稱「アヂ丼」（adi丼，adi don），書中寫滿了「アヂ丼」的想法與製作竅門。首先會以「adi丼‧解密篇」為題，在P8～9介紹adi丼的「基本構思模式」。P10～13則會提到「搭配的構思與變化」，彙整出希望讀者知道的部分。接著從P14起不僅會介紹各種丼飯的所需材料、製作步驟，篇幅中還會列出調味重點與賣點，讓各位更淺顯易懂。既然決定出版成冊，就希望內容能為讀者們帶來幫助，所以書中會介紹各式各樣的adi丼，以及關於丼飯的想法及製作竅門。

裡頭的資訊量或許會多到無法立刻消化，但對於負責開發菜單或是喜歡料理的人而言，本書絕對滿載著能讓各位獲得提示的「美味情報」，期待讀者們能盡情地活用書中內容。

① 主菜素材（&形狀等）

② 中西日式、主菜烹調方式、主軸風味或調味料、該丼飯的構思或魅力關鍵字

③ 極具人氣的丼飯會有「暢銷丼」記號

④ 丼飯中的主菜、副菜、醬汁等所需材料與作法。雖未記載分量，但會詳細列出調味重點及使用的調味料

⑤ MEMO … 各料理的注意事項及應用補充說明

⑥ 焦點POINT … 各丼飯的調味重點、構思與變化、賣點等

每道丼飯都刊載著能讓各位獲得提示的情報！

adito長年備受喜愛的「成人定食」

adito丼飯．adi丼裡的「成人定食」套餐（含稅880日圓）附有2道小菜與味噌湯，從中午至夜晚整天都有供應。adi丼每天都會提供肉類及魚類主菜供客人選擇。除了丼飯本身具備獨創性，更搭配大量蔬菜，營養均衡的內容深受客人喜愛。在提供丼飯時，以漆器盛裝也是adito的一個堅持。為讓讀者更容易看出料理內容，書中介紹的丼飯會特別以大口徑的白色碗盆盛裝拍攝。

外帶便當同樣受到好評

「成人定食」做成外帶便當同樣深受好評。adi丼吸引人的地方不只主菜，還加入了多樣的副菜料理，打造成結合滿滿配菜，符合時下流行的「蓋飯便當」。深知目前許多店家都在外帶餐點上費盡心思，希望書中的丼飯構想與製作竅門能為店家在設計外帶便當時帶來幫助。

adi丼用的飯是麥飯，還會附上燒海苔

adi丼走健康路線，所以使用的飯是「麥飯」，當然也是因為喜歡麥飯的風味與口感。麥的添加比例較多，為2.5成，炊煮時則會減少水量，讓飯粒偏硬。粒粒分明的口感其實是為了避免米飯的表現太過突出，影響丼飯裡菜餚的風味。

另外，大多數的adi丼都會先在麥飯上擺些剁碎的燒海苔，再鋪放菜餚。燒海苔與最後撒入的蔥花都是增添日式風味的關鍵元素，完美展現出與麥飯結合後，adi丼所具備的美味。（※燒海苔為必備食材，介紹丼飯材料時不會再特別列出，唯獨用量較多時會另作備註）

主菜＋副菜就能展現「用心」與「情感」

　　adi丼不只有主菜，還會將副菜一起放入丼飯中，至少會搭配2種以上的副菜。各位或許會想「做那麼多料理不是很費工夫嗎？」也正因為大家都知道做料理很費工夫，所以怎麼樣都不能遺漏副菜。有了副菜的搭配才能使營養更均衡，以adito自己的方式傳達「情感」。

　　咖啡店提供的料理往往都不被當成一回事，這也是為什麼adi丼會堅持以主菜＋副菜的搭配方式展現「用心」與「情感」，使得adi丼能夠長賣至今。

透過味道的結合打造出「就是美味」的料理

　　簡單來說，主菜＋副菜的adi丼最吸引人之處就在於「味道的結合」。主菜的肉或魚搭配上滿滿蔬菜，呈現出甜的、辣的、酸的多元滋味。黏稠的、酥硬的、爽脆的豐富口感。adi丼就是集結眾多要素搭配而成，只吃主菜當然好吃，連同副菜一起品嘗甚至能感受到預期之外的美味。adi丼便是透過「味道的結合」，讓客人享受到「就是美味」的料理。

　　「味道結合」的關鍵在於菜餚搭配的構思與變化，這也意味著各種點子能創造出無限可能。就算沒有一流主廚的廚藝，各種巧思同樣能讓自己的料理勝出，做出市場區別。adi丼已經實際驗證如何靠「味道的結合」決勝負，並長年深獲客人們的愛戴。正因為adito追求的目標是讓客人覺得「總之就是好吃！」，所以我們也可以很自豪地說，客人基本上都會把料理吃完。

不追求流行。「抓住客人的胃」才是長久經營之道

經營餐飲店掌握流行趨勢雖然重要，但adi丼的原則是「不追求流行」（雖然偶爾一時興起，把時事梗與料理結合）。流行很容易曇花一現，adito的目標是成為「長久受客人喜愛的餐飲店」，所以總覺得流行是非必要元素。說真的，adito也不太喜歡「時尚」這個常用來形容咖啡店的語詞。我們對於料理的盛裝擺放很講究，但跟時尚的意思又不太一樣。

講直白一點，adito所追求的就是抓住客人的「胃」。「除了美味，還是美味」。與流行或時尚相比，adi丼的作法或許很平凡樸實，但不僅是咖啡店，對於所有的餐飲店而言，抓住客人的胃不就是長久經營的關鍵本質？

順帶一提，當初adi丼的出發點是「喜歡料理的女生為偏食的男朋友準備既美味又有益健康的丼飯」，所以是以男性為主客群。不過adi丼還是有相當多的女性愛好者，是男女都愛的丼飯。

美味與效率並存的丼飯！

中小規模咖啡店的員工人數應該不多，其實adito也一樣，所以必須把外場及內場人員數降至最低。不過這樣要怎麼提供adi丼？具體而言，adi丼大部分的料理都已事先備妥。舉例來說，如果副菜是用炒的，那就會先炒好，微波加熱後再放入丼飯中。多運用微波加熱，盡可能地減少接到客人點菜後的烹調作業，如此一來就算員工人數不多，同樣能順利運作。

另一方面，adito對於食材準備也相當講究。懂得有效利用空閒時間，不只是主菜的事前準備，對於副菜同樣會多花點工夫。網路更是adito尋找食材的重要途徑，也因此能練就出一身好本領，讓食材的「進貨價格更低、品質更優」。有了採購技巧、事前備料，再搭配上各種構思，adi丼就是用這種方式，在壓低人事與材料成本的同時，提升料理吸睛度。希望書中對於丼飯的搭配構思與變化內容，也能為經營店家的讀者帶來參考。

此外，書中丼飯常用到的蒜泥、薑泥都是能便利使用的膏狀市售品。部分料理的蔬菜更會選用冷凍蔬菜。adito秉持著「只要好吃都OK」的原則，不僅講究烹調效率，更努力思考如何縮短備料時間與降低成本，開發出一道道的adi丼。

adi丼
解密篇
其二
搭配的構思與變化

把日常生活中的王道（經典）料理「加點變化」就是暢銷丼飯

其實，很多adi丼都只是把日常生活中主流的王道（經典）料理「加點變化」。所有人都很熟悉的料理，搭配上新穎的味道，就成了暢銷賣點。像是書中最先登場的10道牛丼，就是以「王道牛丼」變化而來。另外也會介紹許多以日本各地或世界各國的王道料理、媽媽風味的王道料理變化打造成的丼飯。

正因為是丼飯，才能輕鬆嘗試「異國料理」

這樣的說法或許有點抽象，簡單來說就是人們可以接受「各種風格」的丼飯。正因為是丼飯，才能讓我們嘗試挑戰完全不在預期內的「異國料理」。就算味道不夠道地，「只要好吃都OK」，讓做料理的人、吃料理的人都能輕鬆嘗試。因此在開發丼飯菜單時，非常推薦各位朝「異國丼」的方向做變化。

當然也要挑戰一下有點新奇的「換角」技巧

關於丼飯的構思與變化，adito也會使用「換角」技巧。像是把「麵」換成「飯」的點子，書中也會介紹如何將「叉燒麵」及「什錦涼麵」的配料與風味呈現在麥飯上，做成丼飯。此外，醋→檸檬、紅酒醋→萊姆、羅勒→鴨兒芹，換角的概念同樣能運用在調味料或食材配色上。

堅持「蔬菜一定要調理過」

　　基本上，adi丼的副菜不會使用只澆淋醬汁的生菜沙拉。生菜本身的口感和風味無法與麥飯搭配，所以adito一定會把蔬菜炒過、滷過或拌和，花點工夫做變化（裝飾點綴用的生菜除外）。調味同樣會考量與主菜的協調性。雖然需要花點工夫，卻能延續adito對於「就是美味」的堅持。

「生魚片一定要處理過」的一石三鳥

　　adi丼原則上也不會直接放上生魚片。如果只是一般的海鮮丼，adito當然贏不了海鮮丼專賣店，所以必須下點工夫，把弱點變優勢。像是處理鮪魚或鰹魚時會加以「醃漬」。這樣不僅能使生魚片變美味，「醃漬」還能避免對生魚片的破壞，再搭配大量副菜，減少生魚片使用量，壓低成本，這樣的adi丼可說是一石三鳥。

「與飯融合」的調味方式和食材切法充滿獨創性

　　丼飯是將飯與料理做配對，所以adito一直在鑽研如何讓素材或料理「與飯融合」。舉例來說，醬油與日式高湯便是調味不可或缺的元素。烹調異國風味時，加入醬油很意外地竟然能與米飯相互融合，甚至呈現出獨特性。某些蔬菜則是可以切成細丁的方式與飯做搭配。刻意將蔬菜壓碎，充分燉煮入味也是丼飯會用的一種訣竅。

助人「克服害怕的料理」，緊緊抓住客人的心

　　「明明是平常討厭的蔬菜，吃起來卻很美味」、「平常討厭的青皮魚像這樣做成丼飯就變得很好吃」。這些是品嘗過adi丼後，很多客人的心聲。對於做料理的adito來說，幫客人「克服不愛的食物」也是非常重要的課題。處理青皮魚的時候，可以把魚肉切細、撕碎，再搭配較重的調味，使用辛香料或各種佐料，讓原本害怕青皮魚的客人能卸下心房去品嘗。當客人成功克服後，也會非常感謝店家，一切的努力就都值得了。

「拌菜」、「拌飯」讓美味升級

丼飯還能靠「拌菜」的方式增加吸引力。豪邁混拌後品嘗的「拌菜」丼飯能夠享受到各種風味與多層次的美味口感。也能像紫蘇拌飯（ゆかりご飯）一樣，先把香鬆之類的食材拌入飯中，效果也會非常好。「拌菜」、「拌飯」再加上「炊飯」的話，可是會讓丼飯更加美味。

暢銷品項「雞蛋」、「起司」、「塔塔醬」

adito有幾個特別受客人喜愛的丼飯品項，分別是「雞蛋」、「起司」、「塔塔醬」。這三樣可都是非常吸引客人的「暢銷品項」。當腦中沒什麼料理的新想法時，就會試著從中擇一做搭配。另外像是「山藥泥」這類本身味道清淡的食材跟其他食材都很相搭，還能與飯充分結合，同樣是美味的熱賣料理。

「雞蛋」的料理方式也充滿變化，還有「世界的TKG」

「雞蛋」搭配上不同烹調手段也能為丼飯帶來多元變化。舉例來說，同樣都是蛋黃，浸過醬汁就能享受不一樣的美味，做成「炸蛋」則是能讓分量更充足，當然還有水煮汆燙的「水波蛋」。另外，說到雞蛋的話，也少不了「TKG雞蛋拌飯」（Tamago Kake Gohan＝たまごかけごはん）。結合異國風味的「世界TKG」系列同樣是暢銷品項。

「青海苔」、「天婦羅花」都是神隊友

adi丼很常使用「青海苔」。譬如說會把海苔混在天婦羅麵衣裡。添加海苔的步驟簡單，卻能明顯增加來自大海的風味，跟米飯更是絕配。其他像是天婦羅花、鹽昆布、乾海帶芽、白芝麻、羊栖菜、蝦米、洋蔥酥、蒜酥等，乍看之下全是非常一般的食材，卻都是adi丼的神隊友。推薦各位列入常備食材清單裡。

用手邊的食材變出美味正是丼飯的迷人之處

各位看了書中介紹的丼飯後，或許會有「怎麼都使用手邊很一般的食材……」的想法。不過這對adito而言卻是讚賞，因為能用便宜購入的常見食材，變出美味料理，也是adi丼的迷人所在。當然有時還要臨機應變，使用些奢華食材。奢華主義單品×平價食材的組合搭配同樣是adito的用心之處，而這些對比呈現都是丼飯讓客人為之瘋狂的變化元素。

少了材料也OK，危機就是轉機

不要心想「因為沒有材料，所以只好放棄……」，換位思考一下，「如果把缺少的材料換成其他食材，就能變出不同的美味及趣味」也是很重要的。其實adi丼裡也有蠻多缺少材料的異國料理，但這樣反而能誕生adi丼才有的獨創性，成為高評價的異國丼飯。

從「文字遊戲」變出新菜單

開發新丼飯時，也可以從「文字遊戲」來做各種延伸思考。像是書中介紹的「中華カツオカツ」（中華炸魚排），會這樣取名是因為「カツオカツ」（ka tu o ka tu）的連音很有趣，這樣的名稱也讓料理成功熱賣。還有像是把語詞發音相連的「オトナポリタン」（成人風味拿坡里義大利麵），後續會介紹幾個從「文字」變出的丼飯名稱。

丼飯的「命名」也會影響銷量

商品的命名也很重要。例如書中介紹的「惡魔肉末」、「銷魂雞」、「引爆炸蝦」等名稱都讓料理變得受歡迎。料理名稱原則上要淺顯易懂，偶爾加點不知所云或奇怪文字都能引起客人的興趣。各位不妨參考本書的命名風格。

頁末小情報　書中介紹的「炸竹筴魚」丼飯（アヂフライ）的「ヂ」就是指「adito」（アヂト）的「ヂ」。用帶點玩味的文字展現出筆者對adito的自豪。

adito
(ア ヂ ト)
百選最佳丼飯

終於要揭開「adi丼劇場」的序幕。接下來會以食材種類做劃分,直接奉上
「百選最佳丼飯」。裡頭也包含為了本書出版新開發的丼飯。書中除了說明
每道丼飯的調味方式、食材搭配,內容還會列出許多的「暢銷要素」,各位
讀者務必多加參考。

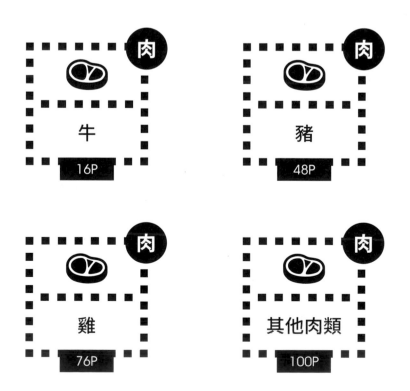

牛　16P
豬　48P
雞　76P
其他肉類　100P

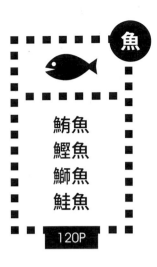

鮪魚
鰹魚
鰤魚
鮭魚

120P

青皮魚

144

烏賊
章魚
蝦

158P

魩仔魚
白鰻
星鰻

174P

貝類其他

190P

208P

肉

牛五花
肉片

牛丼part 1

王道牛丼

日式　煮　經典甜醬油味　提味術

牛丼 + 蔬菜的料理魅力

肉類

牛肉×甜醬油絕對是不踩雷的王道（經典）滋味。後續還會介紹10種以「王道牛丼」為基礎做各種變化的牛丼料理。第一波的「王道牛丼」會搭配2道副菜，加入蔬菜魅力。與味道較重的牛肉相比，副菜則是做成展現蔬菜本質的清淡滋味，避免整體過於單調。

主菜 王道牛丼

材料

牛五花（肉片）／洋蔥（粗條）／大蒜、生薑（磨泥）／基本調味組合（醬油、味醂、日本酒、日式高湯醬油（出汁醬油）、鹽、砂糖、鰹魚高湯粉、昆布茶）

作法

煮滾調味料，洋蔥煮到稍微變軟後，再放入牛五花。

MEMO

・牛肉不可煮過老
・「雖然是「王道」（經典），但偷偷放點大蒜、生薑、高湯來提味，能讓美味加分。切記大蒜與生薑微量即可
・浮起的油脂務必撈除乾淨，以免影響醬汁口感。清洗餐具時也會比較輕鬆

副菜 金平菜絲

材料

牛蒡、胡蘿蔔（切細條）／麻油／白芝麻／日式高湯醬油／鹽

作法

鍋子倒入麻油加熱，放入牛蒡、胡蘿蔔拌炒，再加入日式高湯醬油裹勻。

MEMO

・用最少的調味料發揮蔬菜風味

副菜 炒青菜

材料

小松菜（切段）／山茼蒿梗（切段）／麻油／鹽

作法

鍋子倒入麻油加熱，用大火快炒蔬菜並調味。

MEMO

・菜梗要剁碎，菜葉切大片
・保留咀嚼時的口感

配料

小松菜細丁／紅生薑

MEMO

・使用嫩葉部分，菜梗做成炒青菜

焦點POINT

品嘗王道牛丼的同時，還能均衡攝取蔬菜，這也是吸引客人之處

牛丼part 2
芥末牛丼

牛五花
肉片

| 日式 | 煮 | 甜醬油味・芥末 | 成人牛丼 | 洋芋片也美味 |

隱藏在牛丼餡料與馬鈴薯泥之間的「奶油乳酪芥末美乃滋」將芥末的辛辣融合入奶油味當中，是表現鮮明卻又醇厚的滋味，與鹹中帶甜的牛丼餡料更是絕配。用洋芋片作為配料的想法出乎意料，卻也是這道丼飯的魅力所在，能為口感帶來恰到好處的點綴。

主菜 王道牛丼

材料

同「王道牛丼」（參照P17）

作法

同「王道牛丼」（參照P17）

副菜 馬鈴薯泥

材料

馬鈴薯（汆燙）／毛豆／蒜酥／牛奶／鹽／胡椒／砂糖

作法

馬鈴薯煮軟後壓碎，與牛奶一同入鍋攪拌並調味，再與其他食材混合。

MEMO

・非常推薦各位把壓碎的蔬菜和乳製品或日式高湯調成黏稠狀做使用

副菜 奶油乳酪芥末美乃滋

材料

奶油乳酪／芥末／美乃滋

作法

奶油乳酪回溫變軟後，與芥末、美乃滋拌勻。

MEMO

・芥末要放多一點，味道才不會單調，才是芥末風味強烈的「成人牛丼」
・美乃滋加量

配料

市售「芥末牛肉洋芋片」碎片／苜蓿芽／芥末泥／青蔥

MEMO

・沒有「芥末牛肉洋芋片」時，可改用一般洋芋片或較有咀嚼感的堅果類

焦點POINT

牛丼無論做任何變化都會非常受歡迎，再加上主風味明確，所以就算是「超跳Tone組合」也很暢銷！

牛丼part 3
白味噌京風牛丼

肉

牛五花
肉片

日式　煮　甜醬油味・白味噌　地方名產

大膽擺上高湯蛋捲營造衝擊性

以白味噌、柚子、五色米果這些京都食材，打造「優雅日式風味」的牛丼。在牛丼的餡料上擺放「高湯蛋捲」，為料理增添視覺享受。副菜則使用了日本水菜。以京都傳統蔬菜，京野菜主角之一的日本水菜，更鮮明地營造出「京都」的地方色彩。

主菜 王道牛丼・白味噌

材料

牛五花（肉片）／洋蔥（粗條）／白蔥／豆皮／白味噌／大蒜、生薑（磨泥）／基本調味組合（醬油、味醂、日本酒、日式高湯醬油、鹽、砂糖、鰹魚高湯粉、昆布茶）

作法

煮滾調味料，放入食材烹煮，最後加入並攪散白味噌。

MEMO

・昆布茶加量，讓味道偏甜
・放入白味噌後就要避免煮過頭

副菜 柚子風味涼拌水菜

材料

日本水菜／柚子皮／柚子汁／日式高湯醬油

作法

水菜汆燙後瀝掉水分，切段，與調味料拌勻。

MEMO

・多一點柚子皮

副菜 日式高湯蛋捲

材料

雞蛋／日式高湯醬油／鰹魚高湯粉／昆布茶／水／米醋

作法

雞蛋完全打散，與調味料拌勻。煎好後放涼再切塊。

MEMO

・加微量的醋，能讓蛋捲口感更鬆柔多汁

配料

毛豆／七味辣椒粉／五色米果

MEMO

・沒有五色米果可改用天婦羅花

焦點POINT

白味噌與柚子香能將牛丼帶入另一個「全新的和風世界」

牛丼part 4
牛肉風茄子丼

| 日式 | 炒 | 經典甜醬油味 | 純蔬菜 & 五穀飯 |

肉

茄子
※ 代替牛肉

甜醬油搭配米飯的經典滋味。不過這裡不用牛肉，而是改用茄子！因為是「牛肉風」的茄子丼，吃素的客人也能開心享用。米飯則是改用「五穀飯」，完成時更擺上與茄子極為相搭的生薑。口感清爽，同時讓整體表現更融合。

主菜 牛肉風炒茄子

材料

茄子（切厚條）／麻油／洋蔥（粗條）／醬油／味醂／日式高湯醬油／日本酒／大蒜、生薑（磨泥）／鰹魚高湯粉／昆布茶

作法

用大量麻油熱煎茄子兩面後，加入洋蔥。倒入混勻的調味料，稍作烹煮。

MEMO

・米飯與軟嫩化開的茄子相結合，非常美味

副菜 金平菜絲

材料

同「王道牛丼」（參照P17）

作法

同「王道牛丼」（參照P17）

副菜 炒青菜

材料

同「王道牛丼」（參照P17）

作法

同「王道牛丼」（參照P17）

米飯 五穀飯

配料

青蔥／紅生薑（碎末）／白芝麻／生薑泥

MEMO

・擺上起司也很搭
・紅生薑味道較重，會搶過蔬菜的風采，所以要切碎末並酌量使用

焦點POINT

即便2道副菜都與「王道牛丼」一樣，卻能享受到「純蔬菜」的新魅力

牛丼part 5
多蜜歐姆蛋牛丼

牛五花
肉片

| 西式 | 煮 | 甜醬油味·多蜜醬 | 歐姆蛋的驚人魅力 | 以牛丼打底 |

將多蜜醬加入了牛丼的甜醬油風味中，接著再大膽地把「多蜜醬王道牛丼」主角之一的歐姆蛋擺在飯上。大家喜愛的歐姆蛋可是擁有超強魅力，甚至已經超越牛丼的境界（笑），不過基本上還是以牛丼打底，所以更讓人覺得有趣。

主菜 多蜜醬王道牛丼

材料

牛五花（肉片）／洋蔥（粗條）／鴻喜菇／汆燙馬鈴薯（切小塊）／多蜜醬／醬油／味醂／日本酒／大蒜／鰹魚高湯粉／昆布茶

作法

調味料以多蜜醬打底，與蔬菜類一起燉滷，加重味道，再放入牛五花一起煮過。

MEMO

· 接著會把餡料做成歐姆蛋，所以要減少醬汁、加重調味
· 馬鈴薯要煮到軟爛入味
· 事先分出要澆淋在歐姆蛋上的「多蜜醬汁」

主菜 歐姆蛋

材料

使用配料：多蜜醬王道牛丼／雞蛋／牛奶／鹽／胡椒／美乃滋

作法

平底鍋倒油加熱，倒入已調味的散蛋，再將配料倒入，捲成歐姆蛋。

MEMO

· 油量多一些。歐姆蛋不要過度加熱，半熟狀態才能與其他食材充分結合

副菜 炒高麗菜

材料

高麗菜（切成稍粗的條狀）／胡蘿蔔、芹菜、洋蔥（細條）／芹菜葉（碎末）／鹽／胡椒

作法

熱油後將蔬菜快速拌炒並調味。

MEMO

· 高麗菜切粗一點才能保留口感

配料

多蜜醬汁／青豆仁／美乃滋

焦點POINT

牛丼料理中，「雞蛋活用術」的變化之一。「多蜜醬王道牛丼」的味道較重，所以歐姆蛋和炒高麗菜的調味要比較淡

牛丼part 6
義式牛丼拌飯

義式 | 煮 | 義式甜醬油味 | 拌飯術 | 水波蛋活用術

肉

牛五花
肉片

這是把牛丼餡料與米飯混拌的「牛丼拌飯」。與剁碎的橄欖、羅勒、酸豆、松子、加工起司一起拌勻，打造成義式風味料理。擺上半熟水波蛋，再佐以類似蒜泥蛋黃醬的「大蒜美乃滋」，讓整體味道更融合。

主菜 牛丼拌飯

材料

「王道牛丼」（參照P17）／橄欖、羅勒（切粗末）／酸豆／松子／加工起司（切小塊）／紅酒醋／檸檬汁／鹽／胡椒

作法

將所有材料與米飯拌勻。

副菜 水波蛋

材料

雞蛋／米醋／熱水

作法

熱水加幾滴米醋，滾沸後，小心把蛋倒入水中。

MEMO

・只要把蛋白煮熟，醋可以加速蛋白凝固

醬汁 大蒜美乃滋

材料

美乃滋／番茄泥／蒜泥／日式高湯醬油／青海苔

作法

混合所有材料。

MEMO

・調整成自己喜愛的稠度

配料

橄欖／芝麻菜

MEMO

・芝麻菜主要會使用嫩葉部分

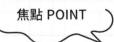

焦點 POINT

「牛丼拌飯」的紅酒醋和檸檬酸味很能提味，和大蒜美乃滋更是絕配

牛丼part 7

中華蔬菜牛丼

中式 | 煮 | 甜醬油味・蠔油 | 勾芡術 | 碎豆腐術

把用蠔油炒過的中式炒菜作為副菜，成了中華風牛丼。其實只要像這樣改變調味料，就能做出世界各國風味的牛丼。副菜的碎豆腐則是用豆瓣醬及花椒烹調，結合中式的辣味，讓客人充分品嘗到中華風才有的滋味。

主菜 勾芡王道牛丼

材料

牛五花（肉片）／洋蔥（粗條）／大蒜、生薑（磨泥）／葛粉／基本調味組合（醬油、味醂、日本酒、日式高湯醬油、鹽、砂糖、鰹魚高湯粉、昆布茶）

作法

煮滾調味料，放入洋蔥烹煮。用葛粉勾芡，再加入牛五花稍作烹煮。

副菜 蠔油炒青蔬

材料

青椒、胡蘿蔔、木耳（切細條）／麻油／蠔油／日式高湯醬油／砂糖／鹽

作法

鍋子倒入麻油加熱，烹炒蔬菜並調味。

MEMO

·蠔油味要夠明顯

副菜 花椒碎豆腐

材料

豆腐（瀝掉水分）／豆瓣醬／花椒／大蒜、生薑（磨泥）／米醋／鹽

作法

豆腐瀝掉水分，加入調味料並稍微壓碎拌勻。

MEMO

·調成自己喜愛的辣度
·把味道柔和的豆腐或鱈寶（鱈魚豆腐，亦稱「半片」）剝碎、壓碎做成副菜

配料

白蔥（斜切）／山椒粉

焦點POINT

將牛丼的餡料勾芡後，更能與中式風味的蠔油結合，客人品嚐起來也會更滿足

牛丼part 8
中華辣味牛丼

中式 | 煮 | 牛丼＋韭菜・榨菜・筍乾

甜醬油味・香辣番茄 | 炒蛋活用術

把「王道牛丼」的牛肉&洋蔥，搭配中式食材的韭菜、榨菜、筍乾，打造成中華風味牛丼，並用「香辣番茄醬」的酸與辣襯托出牛丼的美味。撒在米飯外圍的「炒蛋」則是用麻油炒出中華風味。

主菜 王道牛丼 + 其他食材

材料

牛五花（肉片）／洋蔥（粗條）／韭菜／榨菜／筍乾／大蒜、生薑（磨泥）／基本調味組合（醬油、味醂、日本酒、日式高湯醬油、鹽、砂糖、鰹魚高湯粉、昆布茶）

作法

煮滾調味料，放入洋蔥、牛肉烹煮。關火後再加入韭菜、榨菜與筍乾。

副菜 炒蛋

材料

雞蛋／美乃滋／麻油

作法

鍋子倒入麻油加熱，把蛋打散並炒成散蛋。

MEMO

‧加點美乃滋能讓炒蛋顏色更有光澤，看起來更美味，且無須再調味

醬汁 香辣番茄醬

材料

洋蔥、白蔥（碎末）／番茄泥／米醋／黑醋／生薑泥／豆瓣醬／鹽／砂糖

作法

混合所有材料。

MEMO

‧充分發揮生薑的滋味
‧沒有番茄泥可改用番茄醬

配料

小黃瓜（切細條）／青蔥

焦點POINT

用食材和調味料打造異國風味丼之術。牛丼的鹹甜、醬汁的酸辣以及炒蛋的醇厚表現三者合一

牛丼part 9
韓式牛丼拌飯

韓式 | 煮 | 甜醬油味・麻油・醋

迎合日本人口味的韓式拌飯 | 蛋黃 & 蛋白活用術

肉

牛五花
肉片

這是仿韓國石鍋拌飯的牛丼。牛肉的烹調方法和「王道牛丼」完全相同，不過與各種涼拌菜、泡菜、蛋黃一起品嘗的話，更能發揮出牛肉的美味。應該是更偏向日本人口味的韓式拌飯。蛋白則是做成蛋酥擺在米飯上，100%使用雞蛋不浪費。

主菜 ｜ 王道牛丼

材料

同「王道牛丼」（參照P17）

作法

同「王道牛丼」（參照P17）

副菜 ｜ 涼拌菜

材料

胡蘿蔔（切細條）／白蔥（斜切）／韭菜（切段）／豆芽菜／麻油／蒜泥／鹽／砂糖

作法

將蔬菜分別與調味料拌勻。

MEMO

・調味清淡，才能發揮蔬菜本身的風味

副菜 ｜ 涼拌紫萁

材料

水煮紫萁／味醂／醬油／砂糖／鰹魚高湯粉／昆布茶

作法

煮滾調味料，放入紫萁烹煮。

MEMO

・依個人喜好，也可做成辣味或酸味

副菜 ｜ 醋味蘿蔔乾

材料

蘿蔔乾／米醋／日式高湯醬油／砂糖

作法

蘿蔔乾浸水，瀝乾後切段，再與調味料拌勻。

MEMO

・浸水太久會使鮮味流失，只須稍微浸泡，去除表面髒汙即可

副菜 ｜ 蛋白酥

材料

蛋白／麻油／鹽

作法

蛋黃／泡菜／青蔥／白芝麻

配料

卵黃／キムチ／青蔥／白胡麻

焦點POINT

韓式拌飯的副菜種類只要夠多就是美味，連帶視覺也是享受。這時主角反而成了配角，打造出多樣副菜的韓式拌飯

墨式牛丼

肉

牛五花
肉片

| 墨西哥 | 煮 | 香辣甜醬油味 | 墨西哥辣肉醬的紅腰豆 |
| 墨西哥玉米片 | 跟著牛丼環遊世界 |

搭配「用辛香料就能環遊世界」的主題，做出了添加辣味香料粉的墨式牛丼。這裡還將酪梨醬與莎莎醬結合，澆淋上「酪梨莎莎醬」。墨西哥辣肉醬常用的紅腰豆在視覺上更發揮了極大的點綴效果。

主菜 王道牛丼・香辣風味

材料

牛五花（肉片）／洋蔥（粗條）／大蒜、生薑（磨泥）／辣味香料粉／番茄醬／基本調味組合（醬油、味醂、日本酒、日式高湯醬油、鹽、砂糖、鰹魚高湯粉、昆布茶）

作法

煮滾調味料，洋蔥煮到稍微變軟後，再放入牛五花。

MEMO

・也可改加咖哩粉或五香粉，做成「亞洲風味牛丼」
・P72會介紹墨式「豬肉丼」

副菜 醋味紅腰豆

材料

水煮紅腰豆／蒜泥／米醋／砂糖／鹽／檸檬

作法

紅腰豆瀝乾水分，與調味料拌勻。

MEMO

・加重調味，紅腰豆才會入味

醬汁 酪梨莎莎醬

材料

酪梨、紅甜椒、洋蔥（切丁）／香菜梗（切碎末）／蒜泥／紅辣椒粉／檸檬／鹽

作法

混合蔬菜並調味。

MEMO

・拌入切丁酪梨後，就會變得濃稠

配料

萵苣（切細條）／墨西哥玉米片（壓碎）／香菜

MEMO

・使用香菜嫩葉部分

焦點POINT

除了辣味香料粉，還搭配上莎莎醬、墨西哥玉米片和香菜，展現出滿滿的「墨式風味」，成為用辛香料等佐料打造的異國丼

肉

牛舌
切片

紅酒滷牛舌

法式　滷　紅酒醬油　快速上桌　根菜類魅力

滷牛舌相當費時，不過將牛舌切成薄片，就能做出一道輕鬆簡單的法式風味料理。和牛舌一起燉滷的牛蒡、胡蘿蔔細絲及香菇則是另外擺放，看起來就是讓人印象深刻的餡料。最後再擺上「香甜奶油胡蘿蔔」，為整體風味及配色注入變化。

主菜 紅酒滷牛舌

材料

牛舌（切片）／洋蔥（切半月形）／洋蔥醬／胡蘿蔔泥／香菇／牛蒡（切細條）／蓮藕（切薄片）／紅酒／高湯粉／鹽／胡椒／甜味醬油／味醂／鰹魚高湯粉／昆布茶／橄欖油／月桂葉／麵粉

作法

用油拌炒裹麵粉的牛舌，起鍋備用。炒洋蔥，再加入另外準備的洋蔥醬、其他蔬菜與調味料，煮到稍微收汁後，再放入牛舌繼續燉煮。

MEMO

·若牛舌切得較厚，必須剛開始就一起燉煮
·使用市售的洋蔥醬，既方便又能加深風味
·若無甜味醬油，可改用砂糖或蜂蜜增添甜味

副菜 香甜奶油胡蘿蔔

材料

胡蘿蔔（切細條）／奶油／砂糖／鹽／日本酒／水

作法

鍋子放入奶油加熱，拌炒胡蘿蔔，調味並煮軟。最後再放入奶油，讓湯汁收乾。

MEMO

·奶油香要夠重，搭配偏軟的口感
·紅酒滷牛舌的經典副菜

副菜 奶香芋泥

材料

芋頭（汆燙）／牛奶／鮮奶油／日式高湯醬油／鹽／黑胡椒

作法

芋頭搗碎、調味，並攪拌成滑順泥狀。

MEMO

·依個人喜好增減乳製品用量，量多時會比較像是醬汁

配料

鴨兒芹

MEMO

·使用鴨兒芹嫩葉部分

焦點POINT

用甜味醬油來做紅酒滷牛舌，配上一起燉煮的牛蒡、香菇，還有鴨兒芹這些日式食材，讓整體風味與米飯徹底結合

牛絞肉

惡魔肉末

德式 | 炒 | 大蒜巴西利 | 會讓人著魔的可怕美味

38

「惡魔肉末」使用了非常大量的大蒜與巴西利。調味本身很簡單，表現卻極為豐富，牛絞肉的鮮味與洋蔥的口感相輔相成，是會讓人著魔的「可怕美味」。與從德式煎馬鈴薯變化而來的「馬鈴薯煎餅」亦是相搭。同時也加入了醃蔬菜與番茄的清爽滋味。

主菜 惡魔肉末

材料

牛絞肉／洋蔥、大蒜、巴西利葉（切粗末）／醬油／味醂／日本酒／鹽／黑胡椒／橄欖油

作法

鍋子倒入橄欖油加熱，放入牛絞肉充分炒熟，再加入洋蔥、大蒜與調味料。加入巴西利後，立刻關火。

MEMO

‧大蒜與巴西利的量要多，且比例一樣，用量要比牛絞肉多一些，還要撒大量黑胡椒
‧洋蔥、大蒜不要炒太熟，才能保留口感

副菜 醋味蘿蔔高麗菜

材料

高麗菜、胡蘿蔔（切細條）／檸檬／醋／鹽／砂糖／月桂葉／紅辣椒／鰹魚高湯粉／昆布茶

作法

混合所有調味料，並將蔬菜浸漬至少一晚。

MEMO

‧多放點醋，就變成能夠存放相當時間的醃蔬菜

副菜 馬鈴薯煎餅

材料

冷凍薯條／麵粉／橄欖油／黑胡椒／鹽

作法

薯條解凍後，撒上麵粉，捏成煎餅的形狀，再放入油鍋中炸到酥脆。

MEMO

‧要炸出硬脆的口感

配料

番茄（切塊）／酸奶／巴西利（切粗末）

MEMO

‧可依個人喜好添加美乃滋、優格、起司等帶有酸味的乳製品

焦點POINT

大蒜與巴西利會互相壓制彼此的味道！兩者的用量驚人。還要使用大量平常作為配角的香草與佐料，才能讓料理的魅力加分

黑胡椒炒牛肉

| 中式 | 炒 | 胡椒·山椒 | 中華定食全擺上 |

| 刺激又柔和 充滿張力的滋味 |

這道丼飯就是把中華定食會出現的炒肉、炒菜、漬物、生菜沙拉、蛋花湯「全部擺上」。炒牛里肌、炒青菜直接配飯當然不錯，但和勾芡的蛋花湯拌勻品嘗更是美味，能夠享受到炒牛肉黑胡椒味與漬物清爽山椒辣味的協調表現。

主菜 黑胡椒炒牛肉

材料

牛里肌（肉片）／鹽／日本酒／太白粉／醬油／蠔油／黑胡椒／黑胡椒粒／麻油／鮮味粉／水

作法

牛肉用鹽、日本酒、太白粉搓揉後，稍微煎過備用。調味料煮滾後，再加入牛肉煮熟。

MEMO

・加重調味

副菜 炒青菜

材料

洋蔥、紅甜椒（切小塊）／白蔥、蒜苗、蘆筍（輪切）／鴻喜菇／蒜泥／鹽／黑胡椒／麻油

作法

用麻油拌炒蔬菜類並調味。

MEMO

・切各種蔬菜時大小要一致

副菜 醋醃大白菜

材料

大白菜芯（切細條）／米醋／砂糖／紅辣椒／山椒粒

作法

大白菜加入調好的醬汁中，醃漬至少一晚。

MEMO

・酸甜滋味

副菜 青菜蛋花羹

材料

小松菜（切段）／雞蛋／鮮味粉／日本酒／日式高湯醬油／葛粉／鹽／黑胡椒／麻油／水／鰹魚高湯粉／昆布茶

作法

調味料煮滾後，加入葛粉勾芡，再倒入散蛋汁。最後加入青菜與麻油，即可關火。

MEMO

・勾芡要稠一點，才能讓米飯與羹湯的餡料融合
・也可依個人喜好添加米醋或辣油

配料

高麗菜、洋蔥、胡蘿蔔（切細條）

焦點POINT

胡椒與山椒的刺激風味搭配上蛋花湯的柔和滋味成了鮮明對比

肉

牛腱

中式滷牛腱

中式 滷 用調味料輕鬆展現中華風味

最後的辣油讓成品更加分

滷愈久愈美味，還能享受到牛腱的鮮味與化開時的口感。搭配上中式白蘿蔔炒蒟蒻，把人氣中式料理「牛肉蘿蔔醬油滷」做成了丼飯。最後澆淋用辣油自製的「麻辣醬」，讓料理變得更下飯。

主菜 中式滷牛腱

材料

牛腱（汆燙）／味噌／甜麵醬／八角／大蒜、生薑（磨泥）／基本調味組合（醬油、味醂、日本酒、日式高湯醬油（出汁醬油）、鹽、砂糖、鰹魚高湯粉、昆布茶）

作法

將牛腱用調味料燉煮變軟。

MEMO

· 用已經汆燙好的牛腱製作相當簡單
· 只要加入八角跟甜麵醬就能打造出中華風味

副菜 醋漬青江菜

材料

青江菜（切段）／鹽／醋／黑胡椒／麻油

作法

鍋子倒入麻油加熱，放入青江菜，撒鹽，用大火快炒，加醋後便可關火。

副菜 辛辣蒟蒻蘿蔔

材料

白蘿蔔（切方條）／蒟蒻條／豆瓣醬／蒜泥／醬油／味醂／日本酒／鹽／砂糖／黑胡椒／麻油／鮮味粉／鰹魚高湯粉／昆布茶

作法

鍋子倒入麻油加熱，加入蒜泥與豆瓣醬炒香，放入蒟蒻，再用大火烹炒，調味，加入白蘿蔔後充分拌炒。

醬汁 麻辣醬

材料

洋蔥酥、蒜酥（剁碎）／青海苔／蝦米／白芝麻／豆瓣醬／山椒／柴魚粉／昆布茶／麻油／米醋／醬油／砂糖

作法

將食材部分倒入大量麻油中加熱，飄出香氣後再加入調味料。

MEMO

· 添加滿滿食材的DIY辣油可以加點醋，讓風味變清爽

焦點POINT

牛腱的濃厚表現就是美味。
青江菜和辣油都加了醋，用酸味做點綴

配料

白蔥（切細條）

MEMO

· 放多一些也很美味

摩洛哥香料風味燉牛肉

摩洛哥　蒸　辛香料・醬油　正宗的料理風味大集合

這道丼飯的主菜是參考塔吉鍋料理製成的「摩洛哥香料風味燉牛肉」。最大特色在於辛香料，不過裡頭也使用了醬油，因為醬油能讓異國料理變得更有熟悉感。再將「摩洛哥沙拉」撒在周圍，最後擺放甜黑棗、淋上「哈里薩辣醬」。

主菜 摩洛哥香料風味燉牛肉

材料

牛里肌（肉片）／洋蔥（粗條）／黑棗／橄欖油／薑黃／肉桂／黑胡椒／鹽／蜂蜜／大蒜、生薑（磨泥）／甜味醬油／鰹魚高湯粉／昆布茶

作法

在鍋內倒入橄欖油，鋪放洋蔥，接著擺上牛肉，避免牛肉焦掉。加入調味料，蓋上鍋蓋，以小火悶煮。途中稍微翻拌，讓食材入味。

副菜 撒路克沙拉風味炒茄子

材料

茄子（切方條）／蒜泥／鹽漬檸檬／橄欖油／孜然、芫荽、紅甜椒（粉末）／日式高湯醬油

作法

鍋中倒入大量橄欖油加熱，放入大蒜炒香，接著把茄子炒到變軟爛，加入調味料。

MEMO

‧沒有鹽漬檸檬的話，可用檸檬皮與鹽替代

焦點POINT

辛香料能帶給人不曾體驗過的滋味。在摩洛哥沙拉與哈里薩辣醬加入日本元素，展現出獨創性

副菜 摩洛哥沙拉

材料

小黃瓜、洋蔥、番茄（切小塊）／檸檬汁／橄欖油／黑胡椒／孜然、芫荽（粉末）／鹽／砂糖／庫斯庫斯／日式高湯醬油／鰹魚高湯粉／昆布茶／熱水

作法

將鰹魚高湯粉、昆布茶、鹽、胡椒和庫斯庫斯拌勻，澆淋熱水並燜煮，接著再與其他蔬菜及調味料拌勻。

MEMO

‧對於不喜歡庫斯庫斯粉粉口感的人，非常推薦這種作法

醬汁 簡式哈里薩辣醬

材料

紅甜椒／蒜泥／橄欖油／紅辣椒粉、孜然、芫荽、甜椒、葛縷子粉／鹽／黑胡椒／砂糖／日式高湯醬油

作法

用橄欖油將紅甜椒與蒜泥炒過，倒入辛香料，炒熟後用食物調理機打成泥狀。

MEMO

‧紅辣椒粉要多一點，做出滑順辣醬

配料

杏仁／白芝麻

MEMO

‧稍微炒過會更香

越式滑牛肝

越式　肝醬　想法源自越式法國麵包　歐姆蛋魅力

最近,像是三明治的越式法國麵包在日本的知名度漸開,這裡便是用麵包裡頭的餡料做成丼飯。就算做成丼飯,牛肝醬也能發揮出非預期的好味道。蛋汁加了椰奶後,做成像是大阪燒的「越式煎餅」歐姆蛋也能品嘗到不一樣的美味。

主菜 牛肝醬

材料

牛肝(已放血)╱大蒜、生薑(磨泥)╱醬油╱味醂╱日本酒╱砂糖╱鹽╱鰹魚高湯粉╱昆布茶

作法

煮滾調味料,烹煮放血處理完的牛肝。放涼後,連同湯汁一起搗碎成膏狀。

MEMO

· 牛肝一定要放血處理
· 加重調味,多放點生薑
· 若不做成膏狀,也可剁成碎末

副菜 醋漬蘿蔔絲

材料

白蘿蔔、胡蘿蔔(切細條)╱魚露╱米醋╱檸檬╱鷹爪辣椒╱砂糖╱鹽╱鰹魚高湯粉╱昆布茶

作法

將蘿蔔絲浸入調味汁中。

MEMO

· 酸甜滋味

副菜 越式煎餅風歐姆蛋

材料

雞蛋╱豆芽菜╱椰子粉╱柴魚粉╱醬油╱鹽╱胡椒╱麻油

作法

鍋中倒入大量的油加熱,用大火烹炒豆芽菜,調味後,蹈入蛋汁塑型成歐姆蛋的形狀。

MEMO

· 沒有柴魚粉也可直接改用柴魚、其他魚粉或鰹魚高湯粉

醬汁 辣味美乃滋

材料

甜辣醬╱美乃滋╱魚露╱檸檬汁╱生薑泥╱鹽

作法

混合所有材料。

配料

生洋蔥(切細條)╱香菜╱青紫蘇

MEMO

· 用青紫蘇作為日式風味點綴的效果極佳
· 也可將青紫蘇切成細條狀

焦點POINT

滑順的牛肝醬與爽脆的蘿蔔絲在口感上的對比也非常有趣

新潟名物醬豬排

日式 | 炸 | 鹹甜高湯醬油味 | 暢銷地方名產變化版

暢銷丼

肉

豬里肌
肉片

日式醬油與西式炸豬排的相遇。港都新潟名物「醬豬排」就是兩者相遇後的料理，麵衣偏厚，口感脆硬的炸豬排可是會讓人上癮。正宗的醬豬排雖然只有擺上豬排，不過這裡先在米飯上擺放「醋味蛋絲」，接著在豬排上澆淋「和風塔塔醬」，讓料理更美味，營養也更均衡。

主菜 酥脆炸豬排

材料

豬里肌（肉片）／奶油汁（雞蛋、牛奶、麵粉）／麵包粉（細）／鹽／胡椒

作法

豬肉抹胡椒與鹽，裹成麵衣較厚的豬排，並二次油炸。

MEMO

・奶油汁的麵粉多一些，並大量沾裹豬排，讓麵衣厚度足夠
・肉的厚薄則是依個人喜好，如果是薄肉片就不用再敲打，節省時間

醬汁 甜味醬油

材料

基本調味組合（醬油、味醂、日本酒、日式高湯醬油、鹽、砂糖、鰹魚高湯粉、昆布茶）

作法

將調味料放入鍋內煮到收汁。上餐前，把炸好的豬排浸到加熱過的醬油吸汁，再擺入丼飯中。

MEMO

・最好是能有濃郁的感覺

副菜 醋味蛋絲

材料

胡蘿蔔（切細條）／洋蔥（切薄片）／蛋絲（切細條）／米醋／鹽／砂糖／鰹魚高湯粉／昆布茶

作法

混合調味料並與食材拌勻。

MEMO

・胡蘿蔔絲跟蛋絲多一些，洋蔥絲減量，能為視覺跟口感帶來加分

醬汁 和風塔塔醬

材料

醃蕗蕎、壺漬蘿蔔（切丁）／青海苔／鹽／砂糖／日式高湯醬油／美乃滋

作法

混合調味料並與食材拌勻。

MEMO

・適量，不可搶過主菜豬排醬的風采

配菜

鴨兒芹

焦點POINT

麵衣的硬脆口感就是種享受，用二次油炸的方式讓豬排變得更酥脆！

成人味蔬菜生薑燒肉

肉

豬里肌肉片

日式　炒　生薑甜醬油味　把國民美食大膽變化

克服不愛的食物，抓住客人的胃

在國民美食「生薑燒肉」上，擺放了苦瓜、芹菜等會苦的
「成人味蔬菜」。這樣的組合看起來似乎有點整人（笑），
其實是絕配呢。蘘荷和壽司薑片也是很好的點綴。會苦的蔬
菜用大量的油充分烹炒後，就能淡化掉苦味。

主菜 生薑燒肉

材料

豬里肌（肉片）／洋蔥（粗條）／大蒜、生薑（磨泥）／伍
斯特醬／味噌／醬油／味醂／日本酒／砂糖／鰹魚高
湯粉／昆布茶

作法

用調味料攪揉肉片與洋蔥。鍋子倒油加熱，用大火連同
醬汁一起烹炒。

MEMO

·味噌、伍斯特醬、大蒜是提味用，極少量即可

副菜 成人味炒蔬菜

材料

苦瓜（切薄片）／青椒、芹菜、胡蘿蔔、蘘荷、壽司薑片
（切細條）／麻油／鹽／胡椒／日式高湯醬油

作法

鍋子倒入麻油加熱，用大火烹炒蔬菜並調味。

MEMO

·關火後再拌入切細條的壽司薑片

副菜 醋味高麗菜

材料

高麗菜（切細條）／米醋／鹽／砂糖／日式高湯醬油／
昆布茶

作法

將高麗菜絲浸入調味汁中。

MEMO

·酸酸的滋味，調味汁的味道要濃郁些

配料

青蔥

焦點POINT 與鹹甜的生薑燒肉一起品嘗，就算是討厭苦味蔬菜的人也會愛上這樣的料理

肉

豬里肌
肉片

清爽涮豬肉

日式　汆燙　柚子醋　爽脆白蘿蔔　拌飯術

這雖然是道肉類丼飯，不過最大魅力在於那「無比爽口滋味」的輕盈表現。主菜的涮豬肉充滿柚香，搭配「紫蘇拌飯」更加深風味。女性客群非常能接受爽脆的「淺漬蘿蔔」和涮豬肉一起品嘗，而這樣的組合也能讓男客人覺得滿足。

主菜 涮豬肉

材料

豬里肌（肉片）／山藥（切細條）／柚子汁／檸檬汁／米醋／味醂／日式高湯醬油／昆布茶／鰹魚高湯粉

作法

用大量熱水汆燙豬肉，連同山藥浸入調味汁中。

MEMO

・黏稠的山藥讓豬肉更容易沾裹調味汁

副菜 淺漬蘿蔔

材料

白蘿蔔（切細條）／嫩芽菜／鹽／砂糖／昆布茶／鰹魚高湯粉

作法

用鹽搓揉白蘿蔔，瀝掉水分，和調味料、嫩芽菜一起拌勻。

MEMO

・白蘿蔔不磨泥，刻意切細條保留口感

米飯 紫蘇拌飯

材料

紫蘇香鬆

作法

將剛煮好的飯拌入紫蘇香鬆。

MEMO

・也可以改用剁碎的青紫蘇、紅紫蘇或紫蘇花穗
・不做成紫蘇拌飯的話，丼飯食材就要加重調味

配料

蕎麥／鴨兒芹

MEMO

・改加芝麻也很美味

焦點POINT

「紫蘇拌飯」也是這道丼飯的關鍵！「拌飯術」不僅能提升客人品嘗丼飯清爽餡料時的滿足感，還能做出區隔化

豬五花
肉片

豚平燒風味
歐姆蛋

日式 | 炒 | 醬汁・醬油・美乃滋 | 體驗大阪精神美食的趣味之處

大阪人會用大阪燒配飯，於是adito想出了這樣的丼飯。味道關鍵在於不會太甜的醬汁，而這樣醬汁是參考深受饕客喜愛的「稠醬（どろソース）」製成。好希望所有人都能品嘗看看醬汁、天婦羅花、美乃滋、紅生薑、青海苔的滋味跟米飯是多麼相配！（發明這道丼飯的人是關西出身……笑）

主菜 豬五花歐姆蛋（炒豬五花）

材料

豬五花（肉片）／醬油／味醂／日本酒／蒜泥／鹽／黑胡椒

作法

鍋子倒油加熱，放入蒜泥炒香，再拌炒豬肉片並調味。

MEMO

・炒到水分蒸發

主菜 豬五花歐姆蛋（歐姆蛋）

材料

雞蛋／牛奶／美乃滋／鹽

作法

鍋子倒入大量的油加熱，煎出平坦的歐姆蛋。

MEMO

・蛋汁加入乳製品，做成風味柔和的歐姆蛋

副菜 炒高麗豆芽菜

材料

高麗菜（切細條）／豆芽菜／鹽／胡椒

作法

鍋子倒油加熱，用大火快炒，保留蔬菜口感。

MEMO

・也可以加洋蔥、胡蘿蔔，使用大量蔬菜

醬汁 自製稠醬

材料

大阪燒醬／伍斯特醬／大蒜、生薑（磨泥）／醬油／黑胡椒／魚粉／昆布茶／砂糖／鹽

作法

所有材料入鍋攪拌，煮到收汁。

MEMO

・做成辛香料和魚粉味濃厚的醬汁，黑胡椒用量要充足
・沒有魚粉可改用鰹魚高湯粉

配料

天婦羅花／紅生薑（碎末）／美乃滋／青海苔

焦點POINT

展現醬汁＆美乃滋風味，體驗豬五花、蛋、蔬菜搭配米飯的大阪精神美食

戈根肉末

「戈根肉末」是使用藍紋起司的「義式肉鬆」。與「平常的肉鬆」味道相差甚遠。也只有戈根肉末，才能夠和綠花椰及番茄做如此絕妙的搭配。特殊風味與日式調味料聯手營造出鮮味，跟米飯亦是絕配。

主菜 炒豬肉末

材料

豬絞肉／洋蔥、大蒜（切粗丁）／蘑菇（切薄片）／醬油／味醂／日本酒／鰹魚高湯粉／昆布茶／鹽／砂糖／黑胡椒／淡奶／鮮奶油／藍紋起司粉／橄欖油

作法

鍋子倒油把絞肉炒到顆粒分明，放入蔬菜並調味。炒到水分蒸發，最後再加入乳製品調整味道。

MEMO

・做成甜醬油風味
・沒有藍紋起司粉的話可用起司塊

副菜 滷綠花椰

材料

綠花椰菜（汆燙、切塊）／蒜泥／白酒／橄欖油／日式高湯醬油

作法

鍋中倒油加熱，放入大蒜炒香，接著加入綠花椰菜與白酒。蓋上鍋蓋，燜煮到不斷滾動冒泡，稍微壓碎花椰菜並調味。

MEMO

・花椰菜壓碎才能與肉末、米飯拌勻，還能展現出花椰菜既有的美味

配料

番茄厚片（上餐前加熱）／腰果、糖漬栗子（剁碎）／青蔥

MEMO

・在上餐前用微波爐稍微加熱番茄會讓味道更融合，變得更像醬汁

焦點POINT

特色鮮明的食材相互競合時，醬油能介入其中，讓彼此言和

小惡魔白醬豬肉

腰內肉片

德式 | 炸 | 芥末白醬 | 可以吃的醬汁 | 香草的清爽表現也是賣點

炸腰內肉配上大量乳製品做成的白醬，濃郁程度讓人驚豔。這裡的「芥末白醬」使用黃芥末籽，所以能夠呈現出鮮明的濃郁感。用馬鈴薯做成「可以吃」的濃稠醬汁，這時薄到酥脆的炸豬排反而變成了「襯托醬汁的配菜」。

主菜 德式酥炸豬排

材料

腰內肉（肉片）／奶油汁（雞蛋、麵粉、水）／麵包粉／鹽／胡椒

作法

用肉槌把腰內肉拍打成薄片，抹鹽與胡椒，浸入奶油汁，裹上麵包粉並下鍋油炸。

MEMO

・選用細麵包粉，奶油汁要多加點麵粉，讓汁液較濃稠。裹上厚麵衣，炸成口感硬脆的豬排

副菜 芥末白醬

材料

馬鈴薯（汆燙）／洋蔥（切薄片）／香菇（切薄片）／蒜泥／日式高湯醬油／奶油／鮮奶油／牛奶／黃芥末籽／鹽／胡椒

作法

奶油入鍋加熱，放入蒜泥炒香，繼續拌炒蔬菜類。加入稍微碾碎的馬鈴薯，倒入乳製品稀釋馬鈴薯，加熱並調味。

MEMO

・用馬鈴薯增加醬汁黏稠度

焦點POINT

副菜 迷迭醋香菇

材料

金針菇／鴻喜菇／迷迭香／蒜泥／紅酒醋／檸檬汁／橄欖油／黑胡椒／鹽／砂糖

作法

鍋子倒入橄欖油將蒜泥炒香，放入菇類拌炒，浸入調味料中放涼。

MEMO

・也可以使用其他菇類或香草

副菜 奶燉青豆仁

材料

青豆仁／奶油／高湯粉／鹽／胡椒／日式高湯醬油

作法

鍋內放入大量奶油烹炒青豆仁，加入熱水稍微蓋過青豆仁，調味並烹煮片刻。

MEMO

・多數人不愛青豆仁，建議可以加重調味

配料

黃芥末籽

炸物、奶製品的濃郁口感，結合黃芥末籽與香草的清新鮮明氣息

中華風味香烤豬肉

中式　煎烤　花生醬・豆瓣醬　簡單卻飽足　滿滿蔬菜

用價位比牛肉便宜的豬肉，輕輕鬆鬆就能做成的「香烤豬肉」。雖然簡單，味道卻非常紮實多汁，「花生淋醬」能更加襯托出其中美味。搭配上「黑醋醃漬」的茄子、青椒，還有豆苗生菜，連同烤豬肉一起大口品嘗。

主菜 香烤豬肉

材料

豬腿肉（肉塊）／大蒜、生薑（磨泥）／鹽／胡椒／麻油

作法

肉塊先放置室內回溫，搓揉調味料後，將表面全部充分煎烤。放入袋子封緊，浸入熱水中，關火後，用餘溫慢慢隔水悶熟。放涼後切成片狀。

MEMO

·輕鬆就能做出多汁的叉燒肉
·本身的調味偏淡，所以能跟各類醬汁搭配，變化多元

醬汁 花生淋醬

材料

醬油／味醂／米醋／鰹魚高湯粉／昆布茶／豆瓣醬／花生醬／白芝麻醬／美乃滋／花生（剁碎）／砂糖／鹽

作法

將所有材料充分拌勻。

MEMO

·濃郁風味與香烤豬肉是絕配

副菜 黑醋漬蔬菜

材料

茄子、青椒、白蔥（切大塊）／麻油／蒜泥／辣椒／米醋／黑醋／醬油／砂糖／鹽／黑胡椒

作法

鍋中倒入大量麻油，將蒜泥和辣椒炒香，放入蔬菜炒熟。接著將蔬菜浸入事先混合好的調味汁。

MEMO

·茄子要先炒軟
·黑醋能增添濃郁度，沒有黑醋時可將砂糖改成黑糖

配料

豆苗／洋蔥（切薄片）

焦點POINT

鋪了滿滿的香烤豬肉，看起來就很有飽足感。最上方的綠色配料也很吸睛。搭配花生淋醬後，就像是「豬肉版本」的川菜棒棒雞

暢銷丼

台灣滷肉

中式 滷 中式醬油・五香粉 滷汁也超美味

滷蛋活用術

肉

豬里肌
肉塊

在日本也相當有知名度的台灣料理「滷肉飯」，adito用丼飯重現了這道台灣滋味。烹調方式並不困難，只要有中式醬油跟五香粉，就能「前進台灣」！還能品嘗到與平常豬肉料理不太一樣的美味。副菜的部分也用豆瓣醬和大蒜做成台灣風味。

主菜 滷肉飯

材料

豬里肌肉（切塊）／中式醬油／五香粉／大蒜、生薑（磨泥）／蠔油／炸紅蔥頭／洋蔥醬／鵪鶉蛋／基本調味組合（醬油、味醂、日本酒、日式高湯醬油、鹽、砂糖、鰹魚高湯粉、昆布茶）

作法

煮滾調味料，將豬肉、紅蔥頭滷到變軟，最後再加入鵪鶉蛋。

MEMO

‧如果沒有中式醬油，就要煮到收汁，並將砂糖換成黑糖

‧炸紅蔥頭、洋蔥醬皆為市售品，能為香氣與濃郁表現加分。炸紅蔥頭也可用洋蔥酥代替

副菜 辣炒大豆

材料

水煮大豆／豆瓣醬／麻油／米醋／日式高湯醬油／砂糖／鹽

作法

鍋中倒入麻油加熱，將豆瓣醬炒香，再放入大豆、調味料拌炒。

MEMO

‧帶點鹹甜的酸味

副菜 蒜炒菜豆

材料

菜豆／蒜泥／麻油／鹽／胡椒

作法

鍋中倒入麻油加熱，用大火拌炒菜豆並調味。

配料

滷鵪鶉蛋（切半）／青蔥

MEMO

‧也可改用一般滷蛋

焦點POINT

吸飽滷汁的米飯也非常美味，跟副菜同樣相搭。與副菜形成的多層次表現讓風味不再單調，營養亦是均衡

煎餃風味丼

| 中式 | 炒 | 用丼飯實現煎餃配飯的美味 |

這道丼飯嘗起來就像「煎餃配飯」。豬肉、白蔥、高麗菜、大白菜、韭菜等煎餃內餡炒過後，擺在白飯上。另外還放上炸過的水餃皮。副菜當然也要是「和煎餃一起品嘗的菜餚」，於是搭配了「醋味辣豆芽」。

主菜 炒煎餃內餡

材料

豬五花肉片（帶點厚度）／洋蔥、白蔥、青蔥、韭菜、高麗菜、大白菜（切細條）／大蒜、生薑（磨泥）／麻油／太白粉／鮮味粉／日本酒／醬油／蠔油／鹽／胡椒／砂糖

作法

用調味料搓揉肉片，以麻油煎熟取出備用。用大火炒熟蔬菜，再將豬肉放回，繼續拌炒。

MEMO

· 肉要先醃入味
· 湯汁要收乾
· 改用豬絞肉就是百分之百複製煎餃內餡

副菜 醋味辣豆芽

材料

黃豆芽／豆瓣醬／麻油／蒜泥／米醋／醬油／鹽／黑胡椒／山椒／鰹魚高湯粉／昆布茶／砂糖

作法

鍋中倒油加熱，放入蒜泥與豆瓣醬炒香，放入豆芽菜大火拌炒，浸入調味汁中。

MEMO

· 「烹炒豆芽菜會比汆燙保留更多的口感，還能消除菜味」，所以改成炒豆芽

醬汁 蔥味煎餃醬

材料

洋蔥（切薄片）／辣油（帶料）／米醋／日式高湯醬油

作法

將洋蔥與調味料拌勻。

MEMO

· 如果只有純辣油，則可添加少許豆瓣醬及砂糖
· 仿照煎餃沾醬

配菜

炸水餃皮（剁碎）／韭菜

MEMO

· 用韭菜嫩葉部分

焦點POINT

追求「煎餃配飯」滋味的同時，將豬肉從絞肉換成了五花肉，增加飽足感

暢銷丼

蛋沙拉燒肉

| 中式 | 煮 | 甜醬油味 |

| 叉燒拉麵加蛋的滋味 |

肉

豬里肌
肉塊

客人給這道丼飯的評語是「有叉燒拉麵加蛋的味道」（笑）。不只主菜的燒肉，連副菜的「炒筍乾」和「炒蛋沙拉」都用了會出現在拉麵裡的筍乾和雞蛋。既然如此，最後的配料當然就必須是「鳴門卷」了。

主菜 燒肉

材料

豬里肌肉（切塊狀）／大蒜、生薑（磨泥）／大蔥綠色部分／蠔油／麻油／基本調味組合（醬油、味醂、日本酒、日式高湯醬油、鹽、砂糖、鰹魚高湯粉、昆布茶）

作法

肉塊先放置室內回溫，用叉子戳洞，抹鹽和胡椒調味。用麻油將表面全部煎到變色，放入蔥與調味料後，蓋上鍋蓋，煮到內部變熟。放涼後切成片狀。

MEMO

・部分滷汁可做成淋醬
・沒有蔥綠部分的話也可以省略

副菜 炒筍乾

材料

筍乾／白蔥（切細條）／鹽／胡椒／麻油

作法

鍋子倒入麻油加熱，用大火快炒並調味。

MEMO

・多放點蔥。使用已調味的筍乾

副菜 柴魚拌洋蔥

材料

洋蔥（切細條）／柴魚片／麻油／鹽

作法

拌勻所有材料。

副菜 炒蛋沙拉

材料

雞蛋／美乃滋／牛奶／麻油／鹽

作法

將美乃滋、牛奶、鹽加入雞蛋中打散。平底鍋倒入麻油加熱，做成炒蛋。起鍋後再拌入美乃滋。

醬汁 甜味醬油淋醬

材料

燒肉滷汁／甜味醬油／蠔油／赤味噌／味醂／醬油／胡椒／鹽

作法

將所有材料入鍋煮到收汁。

MEMO

・赤味噌只要加點提味即可，也可省略不用

配料

鳴門卷（切片）／青蔥（加量）

焦點POINT

把副菜用燒肉蓋住，營造出其不意的效果。
醬汁味道較重，所以要稍微控制副菜的調味

豬五花
肉片

肉

豬肉焗豆

| 美式 | 煮 | 番茄‧起司 | 改良美國的平庸滋味 |

| 荷包蛋加分活用術 |

「豬肉焗豆」是美國的家常料理。雖然料理本身給人的印象平庸，但添加醬油與日式高湯後，就是截然不同的美味。還能攝取到豬肉、豆類、蔬菜，是道營養滿分的丼飯。推薦各位搓破荷包蛋，全部拌勻後再享用。

主菜 豬肉焗豆

材料

豬五花（肉片）／培根（切成適當大小）／洋蔥、胡蘿蔔、芹菜（隨意切成大塊狀）／各式水煮豆／番茄丁／高湯粉／番茄醬／蒜泥／鹽／黑胡椒／紅辣椒粉／砂糖／醬油／日本酒／鰹魚高湯粉／昆布茶

作法

鍋子倒油加熱，放入蒜泥炒香，再拌炒肉片與培根，出油後，加入蔬菜繼續拌炒。接著加入調味料與豆類，將肉類煮軟。

MEMO

‧豆子要煮爛才美味

副菜 起司通心粉

材料

通心粉／起司（加熱可融化）／鮮奶油／鹽／胡椒／高湯粉／日式高湯醬油

作法

通心粉用熱水汆燙煮軟，瀝掉水分並調味。

MEMO

‧先把調味料混合後，再和汆燙好的通心粉及起司混拌會更均勻

配菜

荷包蛋／培根片（煎到焦脆）／巴西利（剁碎）

焦點POINT

豬肉焗豆用了大量有益健康的蔬菜，副菜當然就要配上重口味又不健康的起司通心粉跟培根蛋囉

希臘風味烤豬腸

希臘　燒　辛香料　發揮豬腸潛力

希臘人會把用辛香料調味過的肉串燒成「Souvlaki」道地料理，並搭配用小黃瓜及優格做成的「Tzatziki」酸味醬料一起品嘗。adito將這樣的滋味與丼飯結合，肉則是選用了豬腸。在希臘式風味的幫助下，原本不太受人喜愛的豬腸在丼飯裡徹底發揮潛藏的威力。

主菜 希臘風味辛香料豬腸

材料

豬腸（汆燙過）／洋蔥、櫛瓜、紅甜椒（切小塊）／奧勒岡葉／橄欖油／蒜泥／檸檬汁／鹽／胡椒／日式高湯醬油

作法

用調味料搓揉豬腸使其入味，平底鍋倒油加熱，與蔬菜一起烹炒。

MEMO

・使用大量奧勒岡葉

醬汁 希臘黃瓜優格醬

材料

小黃瓜（切粗丁）／希臘優格／檸檬汁／橄欖油／蒜泥／黑胡椒／鹽

作法

小黃瓜搓鹽，瀝掉滲出的水分後切塊，與優格、調味料拌勻。

MEMO

・也可以使用瀝掉乳清的優格

副菜 Tarama 希臘魚子沙拉

材料

馬鈴薯（汆燙，切塊）／洋蔥（切粗丁）／鱈魚子／檸檬汁／橄欖油／醬油／鰹魚高湯粉／昆布茶／黑胡椒／鹽／青海苔

作法

將馬鈴薯、洋蔥與鱈魚子和調味料拌勻。

MEMO

・也可以加美乃滋

醬汁 Tahini 中東芝麻醬

材料

白芝麻醬／橄欖油／日式高湯醬油

作法

將材料充分混合。

配料

檸檬片／橄欖（輪切）

焦點POINT

用辛香料與酸味迷惑客人的味蕾。同時搭配上帶點熟悉感的Tahini中東芝麻醬，出現在日式料理中的芝麻醬基底會讓人感到安心

墨西哥精力丼

墨西哥 炒 正宗墨西哥風味 辛嗆&柔和的絕妙表現

嗆辣、酸味與香菜氣味合為一體，打造出「正宗墨西哥風味」丼飯。意外發現了會出現在墨西哥餅的香料風味豬肉、莎莎醬、酪梨醬竟然跟米飯如此契合。「精力丼」所使用的日式調味料同樣絕配。是P34豬肉版本的「墨式牛丼」。

主菜 精力丼炒豬肉

材料

豬五花（肉片）／洋蔥（粗條）／水煮紅豆／蒜泥／辣味香料粉／伍斯特醬／鹽／基本調味組合（醬油、味醂、日本酒、日式高湯醬油、鹽、砂糖、鰹魚高湯粉、昆布茶）

作法

鍋中倒油加熱，放入蒜泥炒香，用大火拌炒已經和調味料拌勻的肉片及紅豆。

醬汁 莎莎醬

材料

洋蔥、紅甜椒、香菜梗（切粗丁）／檸檬汁／鹽／砂糖／黑胡椒／橄欖油

作法

將所有材料拌勻入味。

醬汁 酪梨醬

材料

酪梨（切小塊）／橄欖油／檸檬汁／鹽

作法

將一半的酪梨搗碎，與剩下的酪梨一起跟調味料拌勻。

MEMO

・保留酪梨塊能增添滿足感

配料

香菜／墨西哥玉米片（壓碎）

MEMO

・使用香菜嫩葉部分

焦點POINT

精力丼炒豬肉辛嗆美味，搭配莎莎醬的清爽口感與酪梨醬的醇厚滋味

阿多波咕咾肉

肉

豬腿肉塊

暢銷丼

菲律賓 | 滷 | 醬油・醋 | 與糖醋肉不太一樣的風味 | 滷蛋活用術

「阿多波」（Adobo）是菲律賓的燉滷料理。特別的地方在於會使用醋，味道酸甜受人喜愛，甚至還有專賣店。說到使用醋的豬肉料理，一般都會想到咕咾肉，不過阿多波能品嘗到和咕咾肉不太一樣的嶄新美味。米飯則使用「生薑拌飯」，兩者實在絕配。

主菜 阿多波醋燉腿肉

材料

豬腿肉（切塊）／胡蘿蔔、洋蔥、蓮藕、秋葵、茄子（切塊）／洋蔥醬／水煮蛋／黑糖／鰹魚高湯粉／昆布茶／醃泡用醋：米醋、醬油、日本酒、蒜泥、肉桂葉、辣椒、黑胡椒

作法

蔬菜類用油炒過後取出備用，接著炒泡醋一晚的腿肉塊。加入醃泡用醋和洋蔥醬調味，燉滷至肉塊變軟，最後再放回蔬菜和水煮蛋稍微滷過。

MEMO

・燉滷程度依個人喜好
・黑糖能讓料理變得更濃郁，黑醋也有相同效果

副菜 炒空心菜

材料

空心菜（切段）／蒜泥／鹽／胡椒

作法

鍋子倒油加熱，將蒜泥炒香，再用大火烹炒空心菜並調味。

MEMO

・只要是綠色蔬菜都很搭

米飯 生薑拌飯

材料

生薑（碎末）／洋蔥酥

作法

把生薑與洋蔥酥跟米飯拌勻。

MEMO

・加了大蒜會變更濃郁，換成柴魚就變日式拌飯，可依自己喜好添加

配料

滷蛋（剖半）

MEMO

・換成滷鵪鶉蛋也很可愛

焦點POINT

酸味非常有特色，賦予人精力的炎熱國度燉滷料理。「生薑拌飯」則是讓味道邁向未知的境界

暢銷丼

水煮雞佐
塔塔梅子醬

日式 | 水煮 | 最強醬汁組合・塔塔醬加梅子

肉

雞腿
肉片

本店極受歡迎的丼飯之一。「水煮雞」的健康元素當然吸引人，不過最讓客人歡喜的是那「日式塔塔醬」。塔塔醬用在其他的日式丼飯也非常相搭，厲害到堪稱是「最強醬料」。這道丼飯則是再添加了梅子醬，美味到讓客人一口又一口地扒飯。

主菜 水煮雞

材料

雞腿肉片／鹽／日本酒／砂糖／黑胡椒／大蒜、生薑（磨泥）／白蔥等剩餘蔬菜（可有可無）

作法

把鹽、日本酒加入大量熱水中，接著放入已經搓揉調味好的雞腿肉，關火，繼續浸在湯汁中放涼後，即可切片。

MEMO

· 這樣的作法能讓雞肉濕潤多汁，不會過熟太柴
· 剩餘的湯汁可用來做成味噌湯

醬汁 日式塔塔醬

材料

雞蛋／醃蕗蕎、壺漬蘿蔔（切粗丁）／青海苔／鹽／砂糖／黑胡椒／日式高湯醬油／鰹魚高湯粉／昆布茶／美乃滋

作法

雞蛋加鹽，充分打散做成炒蛋，再與醃蕗蕎、壺漬蘿蔔、調味料拌勻。

MEMO

· 炒蛋量要多一些。炒蛋的口感佳，能與美乃滋充分結合。青海苔能增加風味深度及綠色
· P226～會附圖解說「塔塔醬」作法

醬汁 梅子醬

材料

梅子肉／紫蘇香鬆／柴魚／鹽昆布／米醋／梅子醋／檸檬汁／味醂／醬油／砂糖／鰹魚高湯粉／昆布茶

作法

充分混合所有材料。

MEMO

· 柴魚量多一些　· 口味偏甜　· 梅子醋可有可無

副菜 和風漬夏蔬

材料

茄子、小黃瓜、洋蔥、蘘荷（切薄片）／麻油／鹽／砂糖／昆布茶

作法

將蔬菜與調味料全部拌勻。

MEMO

· 茄子削皮能提升口感
· 小黃瓜去籽能減少菜味，也比較不會出水

配料

紫蘇花穗

MEMO

· 也可將青紫蘇切成細條狀

焦點POINT

用醃蕗蕎、壺漬蘿蔔做成的「日式塔塔醬」能讓美味更加分。就算只有塔塔醬也很下飯！

南蠻雞

日式 　炸 　糖醋・塔塔醬

經典料理拆解・重組後的趣味之處

「南蠻雞」是經典的人氣料理，不過油炸後還要浸到糖醋醬裡，讓麵衣變濕軟。於是這裡嘗試了不浸漬醬汁的「南蠻雞」。以擺上「酸甜漬蔬菜」的方式取代醬汁。加入柴漬茄子的粉紅色「日式塔塔醬」在視覺上亦是享受。

主菜 日式炸雞

材料

雞腿肉（切塊）／大蒜、生薑（磨泥）／醬油／日本酒／太白粉／糯米粉／青海苔

作法

先用調味料將腿肉浸漬入味，裹上加了青海苔的粉，炸到酥脆。

醬汁 日式塔塔醬

材料

雞蛋／醃蕗蕎、壺漬蘿蔔（切粗丁）／柴漬（紫蘇漬）茄子／青海苔／鹽／砂糖／黑胡椒／日式高湯醬油／鰹魚高湯粉／昆布茶／美乃滋／米醋

作法

雞蛋加鹽，充分打散做成炒蛋，再與醃蕗蕎、壺漬蘿蔔、柴漬茄子、調味料拌勻。

副菜 酸甜漬蔬菜

材料

洋蔥、蘘荷（切薄片）／鴨兒芹梗（切段）／米醋／日式高湯醬油／鹽／砂糖／辣椒

作法

將洋蔥、蘘荷與調味料拌勻，浸漬使其入味。

MEMO

- 酸甜滋味
- 用來取代南蠻漬的醬汁

配料

日本水菜／鴨兒芹

焦點POINT

即便是經典料理或常見的食材，只要改變一下作法或組合方式，就能找到其中的「樂趣」

黑醋滷雞腿

肉

雞腿肉
切塊

日式 | 滷 | 黑醋・醬油 | 2 種蘿蔔泥活用術

男性客人雖然比較不吃酸，但「黑醋滷」卻很受歡迎。或許是因為加熱後，酸會轉變成柔和的濃郁滋味。雞腿肉滷到收汁，在口中化開的柔軟口感更是深得好評。加了粗蘿蔔泥和壺漬蘿蔔的口感美味，跟米飯的搭配性絕佳。

主菜 | 黑醋滷雞腿

材料

雞腿肉（切塊）／黑醋／米醋／黑糖／砂糖／鹽／大蒜、生薑（磨泥）／日本酒／日式高湯醬油

作法

調味汁液煮滾後，放入腿肉，煮到變軟收汁。

MEMO

・若汁液較稀薄，則可先取出雞肉再煮到收汁
・雖然是用醋燉滷，酸味並不會很重，反而有股濃郁的甜味

醬汁 | 粗蘿蔔泥

材料

細蘿蔔泥／粗蘿蔔泥／壺漬蘿蔔（切丁）／黑醋／米醋／檸檬汁／砂糖／鹽／鰹魚高湯粉／昆布茶

作法

將瀝掉水分的細、粗蘿蔔泥與調味料拌勻。

MEMO

・調味要淡，以免蓋過白蘿蔔的味道，黑醋只要加點提味即可
・充分入味的「細蘿蔔泥」＋充滿口感及食材既有風味的「粗蘿蔔泥」

副菜 | 黃芥末拌油菜

材料

油菜（切段）／白蘿蔔皮（切細條）／鰹魚高湯粉／昆布茶／鹽／砂糖／麻油／黃芥末醬

作法

用麻油烹炒油菜和白蘿蔔皮並調味，放涼後與黃芥末醬拌勻。

MEMO

・黃芥末要放涼再加，辣味才不會消失

配料

青蔥

焦點POINT

即便是相同食材，花點工夫做處理就能變出不同風味，這裡的2種蘿蔔泥就是很好的範例

雞肉蔬菜泥

| 日式 | 燒烤 | 胡椒鹽 | 可以吃的蔬菜淋醬 | 既清爽又滿足 |

胡椒鹽滋味的「煎烤雞」、「蔬菜泥」、「芝麻碎豆腐」雖然嘗起來都很清爽，實際上口感卻非常紮實，也是料理本身的魅力所在。「蔬菜泥」是將胡蘿蔔等各類蔬菜磨泥，搭配滋味豐富的調味料，成了「可以吃的蔬菜淋醬」，能運用在各種料理中。

主菜 煎烤雞

材料

雞腿肉片／鹽／黑胡椒／油

作法

鍋子倒油加熱，將抹過胡椒鹽的雞肉下鍋煎烤，放涼後切片。

MEMO

・雞皮要煎到酥脆飄香，客人不愛的話也可剔除

醬汁 蔬菜泥

材料

胡蘿蔔、洋蔥、芹菜、白蘿蔔（磨泥）／麻油／油／米醋／檸檬汁／醬油／砂糖／鹽／鰹魚高湯粉／昆布茶／黑胡椒／大蒜、生薑（磨泥）

作法

將調味料加入磨成泥的蔬菜中，靜置一晚以上使其充分入味。

MEMO

・以胡蘿蔔泥為主，洋蔥用量須確認味道後再酌量增減
・蔬菜的苦味及甜味會隨季節出現變化，調味時必須充分掌握
・P236～會附圖解說「蔬菜泥」作法

副菜 芝麻碎豆腐

材料

豆腐（瀝掉水分）／白芝麻／白芝麻粉／麻油／日式高湯醬油

作法

鍋子倒入麻油加熱，將豆腐邊壓碎邊烹煮並調味。

MEMO

・加入芝麻醬味道會更濃厚

配料

生洋蔥（切片）／嫩芽菜／白芝麻

焦點 POINT

「蔬菜泥」是味道的關鍵。「蔬菜泥」能依搭配的食材、料理、客人身體狀態與喜好挑選合適的蔬菜，享受自由搭配的樂趣

西班牙冷湯

西班牙 汆燙 番茄 有益身體健康的西式風味飯

肉類

「Gazpacho」是西班牙的冷湯。這樣的冷湯搭配米飯後，可以享受到其中的「不可思議」。製作冷湯無須開火加熱，能直接品嘗到生鮮蔬菜的營養與美味，不僅是一道「很適合夏天品嘗的西式風味飯」，再佐上風味多汁的雞柳拌菜，就是非常有益身體健康的丼飯。

主菜 多汁雞柳

材料

雞柳／汆湯用湯汁（日本酒、鰹魚昆布高湯、蒜泥、鹽、黑胡椒）／洋蔥、小黃瓜、紅甜椒（切薄片）／杏仁粉／帕馬森起司粉／鰹魚高湯粉／昆布茶／鹽／胡椒／橄欖油

作法

將雞柳放入滾沸的汆湯用湯汁後，立刻關火。繼續浸在湯汁中放涼。再與切好的蔬菜、調味料拌勻。

MEMO

・雞柳的口感會很多汁
・汆燙湯汁可用來製作冷湯
・加入杏仁粉與起司能增添濃郁度。沒有的話可改用搗碎的蛋黃

配料

橘子肉／橄欖

主菜 冷湯

材料

番茄／小黃瓜／紅甜椒／青椒／紅酒醋／柳橙汁／麵包粉／鹽／蒜泥／黑胡椒／紅辣椒粉／橄欖油／日式高湯醬油／汆燙湯汁

作法

將所有材料放入食物調理機打成泥狀。

MEMO

・蔬菜比例可依個人喜好
・沒有柳橙汁可改用檸檬汁，並減少紅酒醋用量

焦點POINT

將雞柳加入橄欖油、甜椒、杏仁粉等西班牙元素，能增加與冷湯的搭配性

肉

雞絞肉

引爆炸蛋

英式 | 炸 | 多蜜醬·醬油 | 立體吸睛度

雞蛋瞬間變主角

「蘇格蘭炸蛋」是英國的傳統料理。會開發這道丼飯，是想讓客人知道「其實英國料理也是蠻好吃的！」。「多蜜醬滷大豆」和「毛豆美乃滋咖哩」則是當成沾醬，裹著炸蛋一起品嘗。「炸馬鈴薯網片」的立體擺盤也是這道丼飯的看點。

主菜 蘇格蘭炸蛋

材料

雞絞肉／水煮蛋／水煮蛋（切粗丁）／洋蔥（切粗丁）／三色豆／麵包粉（用少許牛奶泡開）／麵粉／伍斯特醬／醬油／蒜泥／鹽／黑胡椒／肉豆蔻／奶油汁（雞蛋、麵粉、水）／麵包粉

作法

調味料加入雞絞肉中，搓揉出黏性。再加入其他食材，接著包住水煮蛋，浸入奶油汁中，裹上麵包粉，再下鍋油炸。

MEMO

・可先擦掉水煮蛋的水分，抹上麵粉後再包裹，絞肉就比較不會剝落

副菜 多蜜醬滷大豆

材料

水煮大豆／胡蘿蔔、洋蔥（切小塊）／蒜泥／多蜜醬／番茄醬／番茄泥／日式高湯醬油／高湯粉／黑胡椒／鹽

作法

鍋子倒油加熱，放入蒜泥炒香，再加入水煮大豆、蔬菜拌炒，調味並煮到收汁。

MEMO

・也可換成其他豆類。要保留點湯汁，作為醬汁使用

副菜 毛豆美乃滋咖哩

材料

毛豆／咖哩粉／黑胡椒／美乃滋／米醋／鰹魚高湯粉／昆布茶／鹽／砂糖

作法

混合所有材料。

MEMO

・將毛豆切粗丁，做成像是醬汁的感覺

副菜 炸馬鈴薯網片

材料

冷凍細薯條／麵粉／鹽／視需求加水

作法

將解凍變軟的馬鈴薯裹上麵粉，放入炸網，排成鳥巢狀並下鍋油炸，起鍋後撒鹽。

MEMO

・要炸到明顯酥脆飄香
・也可以不要油炸，改鋪平放入油鍋中煎燒

焦點POINT

蘇格蘭炸蛋的麵衣中也有加入蔬菜，而且基本上都是蔬菜，可說既健康，分量又足

肉

雞腿肉
細條

中華風親子丼

| 中式 | 煮 | 糖醋醬油 | 雞蛋&勾芡術 |

| 混合丼的高 CP 質 |

「親子丼」和「天津飯」的混合丼飯。在雞腿肉與蛋花上，澆淋天津飯風味的糖醋羹醬，如此一來就能同時享受兩種料理，CP值實在很高。羹醬裡用了各種蔬菜，所以還能品嘗到親子丼沒有的「滿滿蔬菜」。

主菜 蛋花

材料

雞腿肉（切細條）／醬油／味醂／日本酒／鹽／鰹魚高湯粉／昆布茶／麻油／雞蛋

作法

將已經先調好味（麻油、雞蛋以外的調味料）的腿肉用麻油炒過並調味，炒熟後，再加入打好的散蛋覆蓋。

MEMO

・腿肉一定要先醃入味
・雞蛋拌炒成像是炒蛋的感覺

副菜 天津飯糖醋羹醬

材料

大白菜、洋蔥、白蔥、胡蘿蔔、香菇、青椒（切細條）／韭菜（切段）／木耳（浸水泡開，切細條）／生薑泥／米醋／日本酒／鰹魚高湯粉／昆布茶／日式高湯醬油／鮮味粉／砂糖／鹽／葛粉／麻油／水

作法

蔬菜類用麻油炒過，接著倒入事先調好的葛粉調味汁勾芡。

MEMO

・醋的比例愈高會愈像天津飯
・調味不要太重，才能發揮食材滋味

副菜 炒蒜苗

材料

蒜苗（切小塊）／麻油／鹽

作法

麻油加熱，倒入蒜苗炒出漂亮顏色。

配料

麻油（成品裝飾用）

MEMO

・也可以澆淋辣油，帶點辣也很美味

焦點POINT

羹汁分量多一些，才能讓客人品嘗到「幸福滿點的蔬菜羹」

水煮雞佐
番茄特製醬

中式 ｜ 汆燙 ｜ 棒棒雞風味結合了萬能的番茄

這道丼飯是以「棒棒雞」打底。番茄加入滋味濃郁的棒棒雞隊伍，形成令人食慾大開的酸甜風味。芝麻花生醬裡也加入較多的番茄泥。品嘗這道丼飯後，便能更加體認到番茄「真的是跟誰都可以打成一片的萬能選手」。

主菜 水煮雞

材料

同「水煮雞佐塔塔梅子醬」（參照P77）

作法

同「水煮雞佐塔塔梅子醬」（參照P77）

醬汁 番茄芝麻醬

材料

白芝麻醬／花生醬／豆瓣醬／韓式辣椒醬／大蒜、生薑（磨泥）／番茄泥／米醋／日式高湯醬油／砂糖／鹽

作法

充分混合所有材料。

MEMO

・番茄泥多一些，沒有的話可改用番茄醬
・辣椒醬則可改用味噌

副菜 三色涼拌菜

材料

胡蘿蔔、白蘿蔔、小黃瓜（切細條）／米醋／砂糖／鹽／昆布茶／山椒粒

作法

將混好的調味料與蔬菜拌勻。

MEMO

・紮實的酸甜滋味

配料

小番茄／辣椒絲／白芝麻／青蔥

焦點POINT

番茄芝麻醬與甜醋拌蔬菜。兩者的「酸甜滋味」能讓食慾大開

炸醬雞腸

中式　炒　甜麵醬　甜麵醬之力＆搖身一變成了回鍋肉

肉

雞腸
雞腿肉

腸子雖然鮮味十足，味道卻也比較特殊，於是這裡做成了讓客人能品嘗到其中美味的中式丼飯。調味使用了濃郁的甜麵醬，與雞腸非常相搭。裡頭更加入雞腿肉增加口感，下面則是鋪放了炒高麗菜。和高麗菜一起品嘗的話，就像在吃回鍋肉。

主菜 炸醬雞腸

材料

雞腸（切塊）／雞腿肉（切塊）／洋蔥、白蔥、生薑（切粗丁）／乾香菇（浸水泡開後切塊）／蒜泥／甜麵醬／豆瓣醬／醬油／味醂／日本酒／砂糖／鹽／鮮味粉／鰹魚高湯粉／昆布茶／泡香菇汁液／葛粉

作法

鍋子倒入麻油加熱，將肉類充分炒過後，加入蔬菜繼續拌炒，接著加調味料烹煮，再以葛粉勾芡。

MEMO

· 甜麵醬味道較重，用量不可太多
· 生薑可以去腥、增加口感，所以要多放些

副菜 炒高麗菜

材料

高麗菜（隨意切塊）／青椒、白蔥、胡蘿蔔（切細條）／麻油／蒜泥／鹽／黑胡椒

作法

鍋子倒入麻油加熱，加入蒜泥炒香，接著用大火拌炒蔬菜並調味。

MEMO

· 用強火烹炒，保留蔬菜爽脆的口感

副菜 甜醋漬小黃瓜

材料

小黃瓜、白蔥（切細條）／米醋／鹽／砂糖

作法

拌勻所有材料。

MEMO

· 砂糖量要足夠，才會酸酸甜甜

配料

青蔥（加量）

焦點POINT

「炸醬雞腸」的風味濃郁，所以炒蔬菜的味道要淡一些。甜醋漬小黃瓜與白蔥能去除嘴巴氣味

大馬TKG

馬來西亞　　汆燙・燒烤　　亞洲風・混合丼

拌飯&環遊世界 TKG

擷取馬來西亞「辣椒板麵」和「海南雞飯」的好，再以溫泉蛋結合兩者優勢，做成TKG雞蛋拌飯。「辣椒板麵」（Chili Pan Mee）的特色當然就是「辣」。這裡用「甜辣小黃瓜」和乾辣椒的辣味呈現鮮辣風味，再搭配上「海南雞飯」雞肉多汁的美味。

主菜 水煮雞

材料

雞胸肉（去皮，雞皮作成副菜）／鹽／日本酒／砂糖／黑胡椒／大蒜、生薑（磨泥）／白蔥等剩餘蔬菜（可有可無）

作法

把鹽、日本酒加入大量熱水中，接著放入已經搓揉調味好的雞胸肉，關火，繼續浸在湯汁中放涼後，即可切片。

MEMO

・這樣的作法能讓雞肉濕潤多汁，不會過熟太柴
・生薑用量多一些
・剩餘的湯汁可用來做成丼飯的附湯

副菜 酥脆雞皮

材料

雞皮／鹽

作法

鍋子倒入大量的油加熱，放入雞皮煎到酥脆，起鍋放涼後壓碎並撒鹽。

MEMO

・有雞肉鮮味的炸油可以用來炒魩仔魚

焦點POINT

充滿民族風的香氣和多重口感交織出的旋律。這樣的丼飯就該拌勻後豪邁品嘗！「環遊世界TKG系列」中非常有趣的一道丼飯

副菜 花生魩仔魚

材料

魩仔魚／花生（切粗丁）／蒜泥／鹽／雞皮油

作法

用煎雞皮的油拌炒大蒜，飄香後放入魩仔魚，炒到酥脆，加入花生，撒鹽。

MEMO

・要不斷攪拌以免焦掉

副菜 甜辣小黃瓜

材料

小黃瓜（切薄片）／甜辣醬／米醋／魚露／砂糖／鰹魚高湯粉／昆布茶

作法

將小黃瓜浸入調味汁中。

MEMO

・味道重一些，調味汁也可以用來淋飯

配料

溫泉蛋／鹽昆布／白蔥（碎末）／香菜／洋蔥酥／乾辣椒

MEMO

・也可以把溫泉蛋換成蛋黃
・擺上柴魚則能增添日式風味

銷魂雞

雞腿
肉片

阿根廷　　燒烤　　巴西利・大蒜・奧勒岡葉

讓人著迷的粗曠滋味

暢銷丼

這是繼「戈根肉末」（P56）後，「巴西利與大蒜黃金組合」的第二彈。把大蒜與雞腿肉一起熱煎後，鋪藏在腿肉下方，上面則是澆淋會用在阿根廷燒烤料理的青醬。搭配集結了黃、綠、紅色的「炒三色鮮蔬」，希望能提升客人食慾。

主菜 布宜諾烤雞

材料

雞腿肉片／醃醬（奧勒岡葉、黑胡椒、鹽麴、米醋、砂糖、鹽、日式高湯醬油）／洋蔥、大蒜（切粗丁）／橄欖油

作法

將腿肉、洋蔥、大蒜浸醃醬一晚。鍋中倒入橄欖油加熱，將腿肉表面煎到變色後，連同醬汁放入烤箱烘烤。切小塊並盛盤。

MEMO

・洋蔥和大蒜也是餡料，所以量要多到能蓋過雞肉，尤其是大蒜

醬汁 青醬

材料

巴西利／黃麻／大蒜／橄欖油／鹽漬檸檬／鹽／砂糖／紅酒醋／檸檬汁／醬油／鰹魚高湯粉／昆布茶

作法

將所有材料拌勻成泥狀。

MEMO

・與燒烤非常相搭的經典醬汁，也可以換成自己喜愛的香草
・不要使用巴西利梗，口感較硬

副菜 炒三色鮮蔬

材料

紅甜椒（切小塊）／毛豆／玉米粒／蒜泥／鹽／黑胡椒／紅辣椒粉／橄欖油

作法

鍋中倒入大量橄欖油加熱，放入大蒜炒香，再用大火快炒蔬菜。

配料

青蔥／和雞肉一起煎過的洋蔥和大蒜（放在飯上）

焦點POINT

嘗過就會上癮的粗曠滋味。名符其實的「銷魂雞」

肉

雞絞肉

香燉番茄雞

| 塞內加爾 | 燉煮 | 花生醬・番茄 |

| 不曾聽聞的料理，味道卻很熟悉 |

這道丼飯是用塞內加爾的「燉滷花生」（Maffe）和「檸檬雞」（Poulet yassa）變化而來。燉滷花生是以花生醬及番茄製成的醬汁燉滷而成。店內為了縮短燉滷時間改用絞肉，沒想到與米飯的結合度更好。讓人有種明明是沒吃過的料理，「味道卻又好像有點熟悉」的感覺。

主菜 香濃番茄燉滷花生

材料

雞絞肉／洋蔥（粗條）／蒜泥／番茄丁／花生醬／高湯粉／紅辣椒粉／黑胡椒／鹽／醬油／鰹魚高湯粉／昆布茶／日本酒／橄欖油

作法

鍋中倒入橄欖油加熱，放入蒜泥炒香，接著拌炒絞肉與洋蔥，調味後燉煮入味。

MEMO

・煮到收汁，讓醬汁變濃稠
・原本是使用肉塊，但改用絞肉能縮短時間，滋味也會更加濃郁

副菜 檸檬雞風味滷蔬菜

材料

洋蔥（切薄片）／蒜泥／檸檬汁／黃芥末泥／紅辣椒粉／黑胡椒／高湯粉／日本酒／日式高湯醬油

作法

鍋中倒入橄欖油加熱，放入蒜泥炒香後，再加入洋蔥拌炒並調味，蓋上鍋蓋燜蒸。最後再加入黃芥末拌勻。

MEMO

・檸檬汁要能夠稍微蓋過洋蔥
・正宗的「檸檬雞」會加肉

副菜 烤蔬菜

材料

洋蔥、秋葵、馬鈴薯、胡蘿蔔、茄子、紅甜椒、黃甜椒（切小塊）／鹽／黑胡椒／橄欖油

作法

蔬菜裹上橄欖油，調味後，再放入烤箱高溫烘烤。

MEMO

・任何蔬菜都OK，重點是量要夠多

配料

巴西利（碎末）

MEMO

・使用巴西利嫩葉部分

焦點POINT

花生醬與雞肉的濃郁鮮味非常有威力！不過，檸檬和黃芥末的「Poulet yassa」風味洋蔥卻相當清爽

和風綜合菇
漢堡排

日式　烘烤　洋蔥甜醬油味　無須多言的美味

冷凍蔬菜活用術

漢堡排猶如富含鮮味的肉塊，搭配上「照燒菇醬」中菇類自身的鮮甜，這種組合的美味程度無須多言。跟米飯的搭配性更是驚人。軟嫩漢堡排和清脆牛蒡沙拉在口感上的對比也是這道丼飯的魅力之處。從中還能看見冷凍蔬菜的活用術。即便是冷凍蔬菜，也能做出「就是美味」的料理運用。

主菜 漢堡排

材料

綜合絞肉／洋蔥、蓮藕（切粗丁）／麵包粉（用少許牛奶泡開）／散蛋／肉豆蔻／黑胡椒／大蒜、生薑（磨泥）／鹽／油

作法

將調味料加入絞肉中充分揉勻。油下鍋加熱時，將洋蔥與蓮藕加入絞肉中繼續搓揉，塑型後入鍋油煎。

MEMO

・口感偏軟才能與米飯充分結合
・蓮藕的口感絕佳

醬汁 照燒菇醬

材料

洋蔥、生薑、大蒜（泥）／冷凍綜合菇（香菇、草菇、鴻喜菇、蘑菇、杏鮑菇、木耳等）／基本調味組合（醬油、味醂、日本酒、日式高湯醬油、鹽、砂糖、鰹魚高湯粉、昆布茶）／伍斯特醬／油／黑胡椒

作法

用油烹炒綜合菇，加入洋蔥等泥狀食材後，調味，煮到收汁變稠。

MEMO

・甜度要比平常的照燒醬低一些，才不會壓過菇類的鮮味與洋蔥的甜味

副菜 南瓜泥

材料

南瓜（冷凍）／味醂／醬油／日本酒／鰹魚高湯粉／昆布茶／水

作法

煮滾調味料，放入南瓜，攪拌的同時稍微搗碎南瓜。

MEMO

・讓人懷念的田舍煮甜醬油風味

副菜 美乃滋麻醬拌牛蒡

材料

冷凍牛蒡絲／冷凍豌豆／麻油／美乃滋／芝麻粉／日式高湯醬油／鹽／黑胡椒

作法

美乃滋與麻油加熱後，放入牛蒡拌炒。調味，炒熟後，轉大火並放入豌豆快炒，最後撒入芝麻粉。

MEMO

・用美乃滋取代烹炒用油不僅能增加濃郁度，調味也變輕鬆

配料

嫩芽菜／南瓜籽

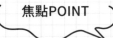

焦點POINT　漢堡排加入了蓮藕、醬汁加入了菇類、副菜則有南瓜、牛蒡和豌豆，讓蔬菜發揮百分百魅力

肉
綜合絞肉

月見肉鬆

日式 ・ 炒 ・ 甜醬油味・蛋黃

眾人喜愛的肉鬆&TKG

無須多加說明的「眾人喜愛！肉鬆拌飯」。而且還是TKG雞蛋拌飯。將辣椒和辛嗆的高菜漬拌炒後，連同肉鬆一起品嘗的話，將能享受到讓人停不下扒飯動作的鹹甜滋味。綜合絞肉的價格親民，肉鬆作法也簡單，只要有肉鬆就能增加鮮味，成為一道高滿意度的丼飯。

主菜 綜合肉鬆

材料

綜合絞肉／大蒜、生薑（磨泥）／基本調味組合（醬油、味醂、日本酒、日式高湯醬油、鹽、砂糖、鰹魚高湯粉、昆布茶）

作法

鍋子倒油把絞肉炒到顆粒分明，調味後，轉大火使水分蒸發，再繼續拌炒。

MEMO

・大蒜是提味用，極少量即可

副菜 炒高菜

材料

高菜漬（切細條）／白蔥（切小塊）／麻油／鷹爪辣椒／白芝麻

作法

鍋中倒油加熱，將辣椒與白芝麻炒香，加入高菜漬（芥菜）和蔥稍微拌炒。

MEMO

・用油炒過能淡化高菜的酸味並增添鮮味

副菜 佃煮羊栖菜

材料

乾燥羊栖菜（浸水泡開）／醬油／味醂／日本酒／砂糖／鰹魚高湯粉

作法

煮滾調味料，放入羊栖菜煮軟。

MEMO

・味道濃度依個人喜好，偏甜會比較受歡迎

配料

蛋黃／蛋白酥／白芝麻／青蔥

焦點POINT

蛋黃會讓味道變柔和，所以調味要夠重。在肉鬆拌飯的周圍擺放來自大海的佃煮羊栖菜和來自山裡的炒高菜，可說是集結了最強組合。不用擔心會吃膩！

平成醋咖哩

| 日式 | 燉煮 | 和風咖哩 | 肉和咖哩分開 | 醋會帶來驚喜 |

豬五花片

這道是介於平成令和年間的豬年所推出的丼飯。有助疲勞恢復的醋,搭配精力丼豬肉,向平成時代致上敬意,道聲「お酢カレー!(おつかれー)您辛苦了!」。因為是在燉煮好的豬肉上澆淋咖哩,會讓人覺得味道可能過重,但辛香料與醋發揮了功效,避免風味太濃。

主菜 鹹甜風味燉豬肉

材料

五花(肉片)／洋蔥(粗條)／大蒜、生薑(磨泥)／基本調味組合(醬油、味醂、日本酒、日式高湯醬油、鹽、砂糖、鰹魚高湯粉、昆布茶)

作法

煮滾調味料,放入豬五花與洋蔥燉滷。

MEMO

· 調味要比牛丼更重一些,肉要煮熟
· 仔細撈掉最上方的油脂與浮沫

主菜 和風咖哩

材料

洋蔥醬／芹菜、胡蘿蔔、大蒜、生薑(磨泥)／米醋／咖哩粉／咖哩塊／伍斯特醬／基本調味組合(醬油、味醂、日本酒、日式高湯醬油、鹽、砂糖、鰹魚高湯粉、昆布茶)

作法

將咖哩粉放入熱油炒香,接著放入蔬菜拌炒,調味後,繼續烹煮收汁使其變稠。最後再加入咖哩塊調整味道。

MEMO

· 醋味要夠重
· 味道基底是「出汁の利いた蕎麦屋のカレー」
· 咖哩的肉與汁分開料理,能讓味道更豐富,增添趣味性

副菜 芝麻拌山茼蒿

材料

山茼蒿(汆燙,切段)／麻油／柴魚／白芝麻

作法

熱水汆燙山茼蒿,充分擰乾水分後,切段並調味。

MEMO

· 其他菜餚的味道較重,所以這道的調味要淡一些

配料

福神漬／青蔥

MEMO

· 咖哩當然少不了福神漬

焦點POINT

客人可能都沒吃過有醋味的咖哩⋯⋯
那出乎意料的美味才會令人驚艷!

英倫風
根菜肉末

英式　燉煮　異國的媽媽味道

絞肉＋蓮藕＆馬鈴薯＋芋頭，讓根菜晉升主角

英國會讓人想起媽媽味道的「牧羊人派」（Shepherd's Pie）使用了馬鈴薯泥與肉醬，堆疊烘烤後滿富濃郁滋味。於是adito運用牧羊人派的要素，在材料上下足功夫。除了將綜合絞肉加入帶有口感的蓮藕與牛蒡，也在馬鈴薯泥中加入了芋頭，大量的根菜類讓營養滿分。

主菜 根菜肉末牧羊人派

材料

綜合絞肉／洋蔥、胡蘿蔔、蓮藕、牛蒡、芹菜（切粗丁）／蒜泥／醬油／味醂／鰹魚高湯粉／昆布茶／百里香、肉桂、黑胡椒（粉）／番茄丁／番茄糊／紅酒／伍斯特醬／奶油

作法

鍋子放入奶油加熱，大蒜炒香，再將絞肉炒到顆粒分明。加入蔬菜拌炒，接著加入番茄丁、調味料燉煮。

MEMO

· 煮到收汁，讓醬汁變濃稠

副菜 芋薯泥

材料

馬鈴薯、芋頭（汆燙）／馬鈴薯、芋頭、南瓜（汆燙，切小塊）／牛奶／鮮奶油／奶油／鹽／砂糖／黑胡椒

作法

馬鈴薯和芋頭邊搗爛邊加入牛奶烹煮，變滑順後，調味。接著加入切塊的馬鈴薯、芋頭和南瓜拌勻。

MEMO

· 奶油和鮮奶油量要多，香氣與濃郁度才會足夠

副菜 白酒蒸菜豆

材料

菜豆（切段）／碗豆／奶油／高湯粉／白酒／鹽／黑胡椒

作法

奶油加熱，放入菜豆與豌豆快炒並調味。倒入白酒，蓋上鍋蓋燜蒸。

MEMO

· 燜蒸讓口感變軟爛

配料

芹菜葉（碎末）

MEMO

· 使用芹菜嫩葉部分

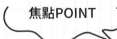
焦點POINT

將根菜切成喜愛的大小，較大塊則是能享受其中的口感

生火腿山藥泥

肉

生火腿片

| 義式 | 生火腿的鮮味與鹹味 × 黏稠的山藥泥 |

| 2 種山藥活用術 | 展現義式色調 |

108

這是義式風味的「山藥泥拌飯」。和山藥拌在一起後，生火腿也變成了拌飯的餡料。生火腿的鮮味與鹹味融入黏稠的山藥泥中，「和風橄欖醬」（Tapenade）則是讓整體風味更一致，充分扮演好讓日洋「接軌」的角色。

主菜 | 生火腿

材料

生火腿片

MEMO

・蓋在飯上

醬汁 | 和風橄欖醬

材料

橄欖、高菜、蕗蕎、壺漬蘿蔔、大蒜（碎末）／鯷魚醬／檸檬汁／橄欖油／日式高湯醬油／鰹魚高湯粉／昆布茶

作法

混勻所有材料。

MEMO

・這裡選擇切丁是為了發揮食材口感，不過也可以維持道地橄欖醬的作法打成泥狀

副菜 | 山藥泥

材料

大和芋（黏性強）／長芋（黏性弱）／日式高湯醬油／米醋／鹽

作法

山藥削皮後磨泥，調味並拌勻。

MEMO

・依自己喜好的黏稠度調整比例
・調味料微量即可

配料

番茄圓片／柴魚／羅勒（細切）／西洋菜／炸蕎麥／依喜好增添醬油

MEMO

・蕎麥的香非常有點綴效果，也可用炒過的堅果代替

焦點POINT

展現出義大利國旗的紅、白、綠色

肉
香腸

成人風味
中義拿坡里

| 中式 | 炒 | 番茄醬・蠔油 | 塔巴斯科辣椒醬・豆瓣醬 |
| 成人風味之趣 | 荷包蛋之味 |

這道丼飯最後還會澆淋嗆辣醬汁，所以不適合小孩。說到拿坡里義大利麵，基本上就是用番茄醬炒香腸、洋蔥和青椒，不過這裡還加了韭菜跟竹筍，調味則多了蠔油。即便裡頭都是蔬菜類的健康食材，但味道極具深度的「成人風味」還是能好好犒賞大人們的身體。

主菜 大人風味中義拿坡里

材料

香腸（切厚片）／洋蔥（切半月形）／青椒、青蔥（切細條）／香菇（切薄片）／韭菜（切段）／水煮竹筍（切方條）／黑胡椒／鹽／番茄醬／蠔油／日式高湯醬油／蒜泥

作法

鍋中倒入麻油加熱，將蒜泥炒香，再放入香腸充分拌炒。加入蔬菜並調味，繼續以大火烹炒。

MEMO

・保留香腸等拿坡里義大利麵中必備的食材，除了能增加不同風味，料理表現上也會變得有趣

副菜 酸甜高麗菜

材料

高麗菜（切細條）／生薑泥／米醋／砂糖／鹽／辣椒／山椒／昆布茶

作法

混合調味料，將高麗菜絲浸入其中。

MEMO

・酸甜滋味
・藏在荷包蛋下方，能在品嘗丼飯過程中換點口味，清清口腔

醬汁 辛嗆辣醬

材料

番茄丁／番茄醬／塔巴斯科辣椒醬／豆瓣醬／黑胡椒／紅辣椒粉／醬油／砂糖／鰹魚高湯粉／昆布茶

作法

混合所有材料，加熱煮過。

MEMO

・辣度無庸置疑

配料

荷包蛋／起司粉／黑胡椒

焦點POINT

拿坡里義大利麵當然就要淋上很多塔巴斯科辣椒品嘗囉！
這道丼飯便實現了那份美味

上海培根蛋

中式 ｜ 炆 ｜ 蝦米・乾香菇 ｜ 環遊世界TKG ｜ 醃蛋黃術・蛋白羹活用術

用鹽醃肉乾與青菜一起烹煮的「上海菜飯」變化版。裡頭不僅加了蝦米與乾香菇的鮮味，還放入銀杏，尋求口感上的變化、呈現美好色彩。炊飯上當然也有擺放煎到酥脆的培根。最後再以「醬油醃蛋黃」和「奶香蛋白羹」裝飾，就能升級成暢銷丼飯。

主菜 培根炊飯

材料

米／培根（切成適當大小）／蝦米／乾香菇（浸水泡開切片）／銀杏／日本酒／泡香菇汁液／鰹魚高湯粉／昆布茶／鹽／菠菜／麻油

作法

米洗過，加入食材與調味料烹煮。煮熟後，再拌入用麻油炒過的菠菜。

MEMO

・鹽微量即可，這樣才能發揮素材本身的滋味
・亦可換成其他自己喜愛的青菜

副菜 醬油醃蛋黃

材料

蛋黃／味醂／醬油

作法

將蛋黃浸入調味料中，高度要能蓋過蛋黃。

MEMO

・醃浸時間長短會改變味道濃郁度，可依個人喜好調整
・醃蛋黃的醬汁還能依喜好澆淋在炊飯上

副菜 奶香蛋白羹

材料

蛋白／牛奶／鮮味粉／鹽／黑胡椒／砂糖／葛粉／麻油

作法

所有材料充分混合調味。鍋中加入大量麻油加熱，將蛋白倒入，大幅度攪拌讓蛋白變熟。

配菜

培根1片（煎到酥脆）／青蔥

焦點POINT

說到培根，怎麼能少了培根蛋？於是這裡借「醬油醃蛋黃」之力，讓培根蛋邁入嶄新境界

肉

午餐肉

韓國午餐肉海苔捲

韓式 | 煎 | 起司&辣味醬 | 3 色副菜 | 平民美食材料升級

這道丼飯的靈感來自能享受豐富餡料的韓國海苔捲。以韓國料理常見的午餐肉為主菜，再擺上起司＆澆淋辣醬，增加丼飯的濃郁度。澆淋辣醬能將清爽元素注入濃郁滋味中，提升與米飯的契合度。和韓國海苔的搭配組合當然也是無懈可擊。

主菜 煎午餐肉

材料

SPAM午餐肉（切厚片）／麵粉／麻油

作法

午餐肉裹上厚厚一層麵粉，放入大量麻油中整塊煎熟。

MEMO

・午餐肉容易焦掉散開，須多注意

副菜 蛋絲

材料

雞蛋／砂糖／鹽／日本酒

作法

雞蛋加入調味料，充分打散後，以平底鍋煎成薄片，再切成細條狀。

MEMO

・如果覺得做蛋絲麻煩，也可以換成炒蛋或水煮蛋

副菜 炒小松菜

材料

小松菜（切段）／麻油／鹽／黑胡椒

作法

鍋子倒入麻油加熱，用大火快炒並調味。

MEMO

・菜梗先下鍋炒熟

副菜 涼拌胡蘿蔔

材料

胡蘿蔔（切細條）／蒜泥／砂糖／鹽／鰹魚高湯粉／昆布茶／麻油

作法

混合材料，讓胡蘿蔔入味。

醬汁 韓式辣醬

材料

韓式辣椒醬／豆瓣醬／米醋／醬油／蒜泥／鰹魚高湯粉／昆布茶／麻油

作法

將所有材料混合均勻。

MEMO

・別忘了醋要多一些

配料

牽絲起司／白芝麻／韓國海苔

MEMO

・海苔多放一些

焦點POINT

3色蔬菜和雞蛋都是稱職配角！在醬汁和副菜多下點功夫，平民美食也能變奢華享受的主角

魚粉風味
藥膳乾咖哩

 暢銷丼

 肉
綜合絞肉

印度 | 炒 | 香料・魚粉 | 年底好好慰勞胃部的必嘗健康咖哩

這道以健康為取向的咖哩丼飯使用了藥效相當受注目的薑黃與大量蔬菜。

為了在鮮味與口感間取得平衡，裡頭更同時使用了蔬菜粗丁與蔬菜泥。最後撒上魚粉，少量就能感受到強烈氣息，成為嶄新的「魚粉風味」咖哩。

主菜 藥膳乾咖哩

材料

綜合絞肉／洋蔥、胡蘿蔔、蓮藕、生薑（切粗丁）／洋蔥、胡蘿蔔、蓮藕、生薑（磨泥）／枸杞／蜂蜜／辛香料（咖哩粉、葛拉姆馬薩拉香料、薑黃、紅辣椒粉、小豆蔻、芫荽等）／伍斯特醬／基本調味組合（醬油、味醂、日式酒、日式高湯醬油、鹽、砂糖、鰹魚高湯粉、昆布茶）

作法

把切成粗丁的蔬菜放入熱油中烹炒，加入辛香料炒香，接著倒入絞肉與蔬菜泥，添加調味料並以大火烹炒。

MEMO

・蔬菜丁的洋蔥與胡蘿蔔分量要多一些
・用蓮藕增添口感，生薑則能作為點綴
・蔬菜泥能增加鮮味與恰到好處的黏稠感
・香料用生薑和薑黃調味，其他依照喜好

副菜 醋味牛蒡

材料

牛蒡（削切）／米醋／鹽／砂糖

作法

用熱油烹炒牛蒡，加入調味料後，轉大火讓水分蒸發。

MEMO

・削切成大塊，就能變成不同口感的食材

配料

魚粉／福神漬／松子（剁碎）／青蔥（加量）

MEMO

・用飛魚、鯖魚、沙丁魚等風味較特殊的魚粉也很適合

焦點POINT

香料與魚粉上演的魔法秀！雖然是以健康為取向的咖哩，風味卻又讓人印象深刻。使用大量蔬菜，並將食材切成碎末有助消化的乾咖哩是年底一定要用來慰勞胃部的必嘗咖哩

俄式炸火腿排

俄羅斯 ｜ 炸 ｜ 甜菜・醋 ｜ 美女與野獸的火腿排革命

把俄羅斯的「醋香甜菜沙拉」當成「可以吃的醋醬」澆淋在炸火腿排上。在甜菜鮮豔色澤的襯托下,炸火腿排看起來也變得繽紛。與俄羅斯人喜愛,口感清淡爽口的茅屋起司更是絕配,讓炸物擁有如霍巴克舞般的輕盈表現。

主菜 炸厚切火腿片

材料

火腿片(切厚片)／奶油汁(雞蛋、麵粉、鰹魚高湯粉、昆布茶、鹽、胡椒、水)／麵包粉

作法

將火腿片浸入奶油汁中,裹上麵包粉,再下鍋油炸。

MEMO

・要讓奶油汁充分入味
・麵衣要偏厚

副菜 醋香甜菜沙拉

材料

甜菜、馬鈴薯(汆燙,切小塊)／洋蔥、醃小黃瓜(切粗丁)／鹽／黑胡椒／紅酒醋／檸檬汁／日式高湯醬油／鰹魚高湯粉／昆布茶／橄欖油

作法

混合所有材料,稍作靜置使其入味。

MEMO

・胡椒和鹽的調味要重一些

配料

高麗菜(切絲)／茅屋起司／青蔥

MEMO

・也可用美乃滋替代茅屋起司

焦點POINT

清爽的醋香沙拉搭配上分量滿點的炸火腿排,猶如美女與野獸般的反差組合,不和諧的音調也能鳴奏出美妙旋律

鮪魚背骨肉

日式　醃漬　甜醬油味・柚子胡椒　味噌・醋

出乎意料的協調滋味　暢銷關鍵字

鮪魚是海鮮丼絕對少不了的食材,不過這裡透過醬料與副菜的搭配,呈現出另一種不同的美味。「醃漬鮪魚背骨肉」加了柚子胡椒的甜醬油味、「味噌蔥醬」的味噌味、「醋味蔬菜」的酸味,三者在丼飯中合奏,出乎意料地協調,米飯也表示非常滿意。「背骨肉」分量稀少,總能成為暢銷關鍵字。

主菜 醃漬鮪魚背骨肉

材料

鮪魚背骨肉／柚子胡椒／醬油／味醂／日本酒／昆布茶

作法

用混合好的調味料醃漬鮪魚背骨肉。

MEMO

· 柚子胡椒微量即可,調味無須過重
· 依喜好調整醃漬時間

醬汁 味噌蔥醬

材料

洋蔥、白蔥、青蔥、山藥 (切粗丁)／味噌／鹽／砂糖

作法

將蔬菜與調味料拌勻入味。

MEMO

· 讓甜味的表現多於鹹味
· 加入山藥不僅能增加口感,還能利用山藥的黏稠度結合所有食材

副菜 醋味蔬菜

材料

小黃瓜、白蔥 (切細條)／洋蔥 (切薄片)／米醋／鹽／砂糖／昆布茶

作法

用混合好的調味料醃漬小黃瓜、白蔥與洋蔥使其入味。

MEMO

· 小黃瓜去籽能減少菜味,也比較不會出水

配料

青蔥／白芝麻

焦點POINT

不能影響主菜鮪魚的風味也非常重要。
依照使用的鮪魚量調整調味料比例與多寡

鮪魚雙塔塔醬

魚

鮪魚
切粗丁

| 法式 | 用塔塔醬聯想出的菜單 |

| 牛肉→鮪魚 | 日式蔬菜&豆腐表現活躍 |

法國的「塔塔醬」是用牛肉製成，不過這裡換成了鮪魚版本。與加入了美乃滋的「豆腐塔塔醬」相互競合。「鮪魚塔塔醬」裡頭加了山藥、蘘荷等日本蔬菜，藉此提升與米飯的搭配性。「豆腐塔塔醬」的柔和表現是能將一切結合包覆的美味。

主菜 鮪魚塔塔醬

材料

鮪魚、洋蔥、山藥、蘘荷 (切粗丁) ／紫蘇花穗／檸檬／蒜泥／橄欖油／鹽／砂糖／黑胡椒

作法

將所有材料充分混合均勻。

MEMO

・調味要夠重

醬汁 豆腐塔塔醬

材料

木棉豆腐 (瀝掉水分)／水煮蛋 (切粗丁)／鹽昆布／柴魚／日式高湯醬油／美乃滋／鹽／砂糖

作法

先將豆腐搗碎並調味，接著再與其他食材混合。

MEMO

・也可以不用豆腐，只加美乃滋，但這樣味道會比較膩

配料

菊苣、蘘荷、洋蔥 (切細條)／麵包丁／巴西利 (碎末)

焦點POINT

用「塔塔醬」玩文字遊戲聯想出的魅力料理！
搭配日本食材後，就算是「雙塔塔醬」也不用擔心口感太膩

王道鰹魚

鰹魚
切小塊

| 日式 | 醃漬 | 大蒜醬油 | 生魚片花點工夫處理後的驚人威力 |

| 扒飯速度異常之快 |

這道丼飯是在「醃漬鰹魚」上擺放用了大蒜的「精力蔥醬」。鰹魚和大蒜的絕配程度已經不用多加贅述，只要一塊鰹魚就能扒入3、4口飯，是經典的美味。風味柔和的「豆腐鬆」則是默默提升了丼飯的口感。

主菜 醃漬鰹魚

材料

鰹魚（切小塊）／日本酒／醬油／味醂／鹽／砂糖／昆布茶

作法

用混合好的調味料醃漬鰹魚。

MEMO

· 依喜好調整醃漬時間

醬汁 精力蔥醬

材料

洋蔥、白蔥（切碎末）／大蒜、生薑（磨泥）／麻油／黑胡椒／砂糖／鹽／鰹魚高湯粉／昆布茶

作法

將所有材料拌勻入味。

MEMO

· 黑胡椒多一些

副菜 豆腐鬆

材料

木棉豆腐（瀝掉水分）／麻油／日式高湯醬油／鹽／砂糖

作法

鍋中倒油加熱，以大火將豆腐炒成顆粒狀。

MEMO

· 豆腐要充分瀝乾
· 也可依個人喜好，搗碎做成「豆腐醬」

配料

洋蔥（切薄片）／青蔥（加量）

MEMO

· 美乃滋能增加濃郁度，也非常適合

焦點POINT

多一道功夫就能比平常吃生魚片來的更加美味

鰹魚佐番茄梅子醬

日式　　醃漬　　甜醬油味　　梅子・番茄　　爽口的稻燒炙烤鰹魚很新奇

這道丼飯是將「醃漬稻燒炙烤鰹魚」和用梅肉與番茄製成的「番茄梅子醬」做搭配。梅子與番茄的酸味能讓稻燒炙烤鰹魚也跟著清爽起來。醬汁使用了番茄醬和日式高湯醬油，味道較為濃郁，所以跟米飯也很對味。

主菜 醃漬稻燒炙烤鰹魚

材料

稻燒炙烤鰹魚（將鰹魚厚片切成適當大小）／日本酒／醬油／味醂／鹽／砂糖／生薑泥／昆布茶

作法

混合調味料，再與鰹魚塊拌勻。

MEMO

・味道要偏淡

醬汁 番茄梅子醬

材料

梅肉／番茄丁／番茄醬／洋蔥（切片）／壺漬蘿蔔、紫蘇漬（切粗丁）／鹽昆布／日式高湯醬油／鰹魚高湯粉／砂糖／鹽

作法

將所有材料混勻。

MEMO

・酸甜滋味，鹽不要加太多

副菜 鱈寶泥醬

材料

鱈寶／日本酒／味醂／醬油／鰹魚高湯粉／昆布茶

作法

煮滾調味料，放入鱈寶煮熟，接著用食物調理機打成泥狀。

MEMO

・清淡滋味，要打到滑順

副菜 醋味海帶芽

材料

乾海帶芽（浸水泡開）／醬油／米醋／檸檬汁／砂糖

作法

將海帶芽與混合好的調味料拌勻。

配料

苜蓿芽／紫蘇花穗／青蔥

MEMO

・可用青紫蘇切絲代替紫蘇花穗

焦點POINT　如果只有酸味很難配飯，甚至食不知味，所以要用「鱈寶泥醬」來彌補味道

豪華貓飯TKG

日式 | 燉煮 | 甜醬油味・蛋黃 | 拌飯的深奧之處

「貓飯」和「TKG雞蛋拌飯」這類輕鬆簡單的代表料理其實只要花點工夫，同樣能變得豪華。說到貓飯，各位應該會想到柴魚片，這道丼飯的主菜材料同是鰹魚，但是換成了「佃煮鰹魚」。蛋黃與佃煮鰹魚的組合實在美味，攪拌後品嘗，還能加入副菜與配料帶來的口感變化。

主菜 佃煮鰹魚

材料

鰹魚（切小塊）／醬油／味醂／日本酒／大蒜、生薑（磨泥）／鰹魚高湯粉／昆布茶

作法

煮滾調味料的同時放入鰹魚，以大火烹煮收汁。

MEMO

・做成鹹甜滋味的佃煮

副菜 碎蘿蔔

材料

白蘿蔔（切粗丁）／米醋／鹽／砂糖

作法

拌勻調味料，醃漬白蘿蔔。

MEMO

・醋味可以重一些
・也可以換成「粗蘿蔔泥」

配料

青蔥／天婦羅花／柴魚／蛋黃

MEMO

・可依自己喜好添加其他配料

焦點POINT

副菜的醋味蘿蔔和配料的天婦羅花都展現了拌飯的深奧

中華炸魚排

中式　　炸　　不曾有過的新形態炸魚排丼

這道丼飯能讓品嘗者了解到「原來鰹魚炸成魚排也能如此美味！」。醃漬後再裹上麵衣油炸的「炸鰹魚排」，搭配上用小黃瓜、洋蔥、生薑、皮蛋做成的酸甜中式醬汁，兩者的契合度無懈可擊。副菜則是選用能與酥脆的炸魚排形成對比，口感軟嫩的炒茄子。

主菜 炸鰹魚排

材料

鰹魚（切厚片）／醬油／味醂／生薑泥／奶油汁（雞蛋、麵粉、水）／麵包粉

作法

用調味汁醃漬鰹魚。將鰹魚片浸入奶油汁中，裹上麵包粉，再下鍋油炸。

MEMO

・選用細麵包粉，讓口感酥脆
・切成厚片才能讓鮮味凝結其中，口感多汁

醬汁 中式皮蛋醬

材料

小黃瓜、洋蔥、生薑、皮蛋（切丁）／米醋／醬油／麻油／山椒粉／砂糖／鹽／鰹魚高湯粉／昆布茶

作法

將所有材料拌勻入味。

MEMO

・酸甜醬汁
・醬汁的靈感來源是將人氣品項「皮蛋豆腐」中的豆腐換成醃漬鰹魚。皮蛋可以切大塊，享受其中的口感

副菜 醬油炒茄子

材料

茄子（切薄片）／醬油／鹽／麻油

作法

鍋中倒入大量麻油加熱，以大火烹炒並調味。

MEMO

・要煮熟到變得軟嫩

配料

青蔥

焦點POINT

不曾有過的新形態炸魚排丼就此誕生！
酸甜醬汁同樣帶來了新感受

咖哩蒸鰹魚

| 馬爾地夫 | 蒸 | 綠咖哩・椰子 |

| 異國鰹魚料理的故事性賣點 |

用鰹魚為異國與日本做串聯。這道丼飯的想法源自於馬爾地夫的咖哩鰹魚「Kulhi Riha」。綠咖哩使用了蒸鰹魚的湯汁，並刻意加重鰹魚高湯味，讓味道與米飯更相搭。配菜的「椰香炒鮮蔬」也添加了鰹魚高湯粉。

主菜 蒸鰹魚

材料

厚切鰹魚／生薑泥／日本酒／鹽

作法

用調味汁醃漬鰹魚後，蓋上保鮮膜，用微波爐悶蒸加熱。

MEMO

- 可去掉鰹魚的血合肉
- 留下蒸鰹魚的湯汁做咖哩

主菜 綠咖哩

材料

洋蔥醬／椰奶／綠咖哩醬／魚露／砂糖／鰹魚高湯粉／昆布茶／蒸鰹魚的湯汁

作法

將浮在椰奶上方的油加熱，倒入綠咖哩醬，烹煮到飄香。接著加入洋蔥醬並調味。

MEMO

- 砂糖量要足夠，才能有甜辣滋味

副菜 椰香炒鮮蔬

材料

胡蘿蔔、青椒、紅甜椒、黃甜椒（切細條）／薑黃／紅辣椒粉／黑胡椒／魚露／椰子粉／蒜泥／鰹魚高湯粉

作法

將浮在椰奶上方的油加熱，倒入綠咖哩醬，烹煮到飄香。接著加入洋蔥醬並調味。

配料

香菜／花生（剁碎）

焦點 POINT

就算只有綠咖哩配飯也很好吃。不過拌入鰹魚和蔬菜後，能品嘗到雙重美味

中華鰤魚蘿蔔

中式 | 滷 | 蘿蔔三變化 | 經典料理換國籍

把「鰤魚蘿蔔」換國籍，除了改變調味，也加入了一些玩味。調味部分使用了蠔油和鮮味粉，搖身一變成為和米飯相搭的中華風味。甚至帶點玩味地用白蘿蔔做出蘿蔔泥、蘿蔔沙拉、炒蘿蔔，變化出「蘿蔔三組合」。充分體認到白蘿蔔多麼萬能。

主菜 滷鰤魚

材料

鰤魚切塊／醬油／味醂／日本酒／蠔油／砂糖／鹽／大蒜、生薑（磨泥）／昆布茶／五香粉

作法

煮滾調味料，放入已經處理過的鰤魚，加熱煮熟。

MEMO

· 先把鰤魚抹鹽，滲水後稍微洗過，去除腥味
· 滷汁可用來做醬汁

醬汁 粗蘿蔔泥羹

材料

粗蘿蔔泥／鰤魚滷汁／鮮味粉／葛粉／水

作法

所有材料入鍋，拌勻並加熱至變濃稠，調味。

MEMO

· 也要加入粗蘿蔔泥的湯汁

副菜 甜醋漬蘿蔔

材料

蘿蔔乾條（浸水泡開，切段）／白蘿蔔（切細條）／米醋／醬油／鮮味粉／砂糖／鹽／麻油／白芝麻

作法

用調味汁拌勻蘿蔔乾和白蘿蔔。

MEMO

· 酸甜滋味，醋要多一些

副菜 炒蘿蔔

材料

白蘿蔔（切細條）／白蔥／鹽／麻油

作法

鍋中倒入麻油加熱，用大火烹炒蘿蔔與白蔥並調味。

配料

生薑絲／青蔥

MEMO

· 也可換成生薑泥

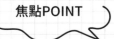
焦點POINT

能說服客人「這的確也是鰤魚蘿蔔！」嶄新呈現出媽媽的味道

鮭魚山藥泥

| 日式 | 炙燒 | 味噌・山藥泥・紫蘇 |

| 醋的全新活用術 | 不再害怕吃魚 |

這道丼飯使用油脂豐富的鮭魚肚。將表面炙燒後，充滿香氣的鮭魚肚以味噌醪調味，就是讓人停不下扒飯動作的滋味。味噌與鮭魚的搭配性無懈可擊。帶有醋味的山藥泥就像是包覆吸收了鮭魚肚的油膩，讓品嘗後的口感顯得輕盈。

主菜 味噌醪拌炙燒鮭魚

材料

鮭魚肚／洋蔥（切粗丁）／味噌醪／醬油／味醂／日本酒／昆布茶／鹽／砂糖

作法

炙燒鮭魚表面後，切塊並與洋蔥、調味料拌勻。

MEMO

・用大火稍微炙燒，飄出香氣即可
・沒有味噌醪的話，可改用一般味噌

醬汁 醋味山藥泥

材料

長芋、大和芋（磨泥）／青海苔／長芋（切小塊）／日式高湯醬油／米醋／鹽／砂糖／水

作法

長芋、大和芋磨泥後，加入切小塊的長芋並和調味料拌勻。

MEMO

・可依自己喜好搭配不同黏稠度的山藥，調整成適當黏度
・醋和調味料的濃淡也可自行調整

副菜 佃煮羊栖菜

材料

乾燥羊栖菜（浸水泡開）／水／七味辣椒粉／基本調味組合（醬油、味醂、日本酒、日式高湯醬油、鹽、砂糖、鰹魚高湯粉、昆布茶）

作法

煮滾調味料，放入羊栖菜以大火煮軟收汁。

MEMO

・做成鹹甜醬油味，再用七味粉的辣味讓整體更收斂

配料

小黃瓜（切小塊）／紫蘇花穗／青蔥（加量）

MEMO

・小黃瓜剖成一半，用湯匙刮掉裡面的籽，再切成小塊
・小黃瓜的口感能帶來點綴，分量可以多一些

 焦點POINT

小黃瓜的口感與紫蘇花穗的香氣帶來點綴，有了味噌與佐料搭配，就算是討厭魚的人也能輕鬆品嘗

鮭魚酪梨麻婆

中式　　煎燒　　麻油・麻辣　　鮭 × 中華風味的意外表現

在這道丼飯裡可以同時品嘗到用麻油乾煸的中華版「香煎鮭魚」，以及麻婆豆腐風味的「酪梨麻婆」。鮭魚的獨特風味和「酪梨麻婆」濃厚嗆辣滋味非常相搭。最上面還擺放了「生海苔酸奶油」，不僅能在酸味與濃郁度帶來點綴，還能襯托出鮭魚的美味。

主菜 香煎鮭魚

材料

生鮭魚（切塊）／鹽／黑胡椒／麵粉／麻油

作法

鮭魚調味後，裹上大量麵粉，用麻油將整塊煎熟。

MEMO

・挑選無皮無刺，方便壓碎品嘗的鮭魚塊

副菜 酪梨麻婆

材料

酪梨、洋蔥、香菇（切小塊）／蒜苗（切成較長的段狀）／豆瓣醬／甜麵醬／大蒜、生薑（磨泥）／醬油／蠔油／日本酒／砂糖／鰹魚高湯粉／昆布茶／麻油

作法

麻油加熱，將大蒜與生薑炒出香氣，放入洋蔥、香菇烹炒並調味。最後加入酪梨和蒜苗稍作拌炒。

MEMO

・洋蔥與香菇要炒軟，才能和鮭魚和拌在一起
・味道要夠嗆辣

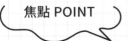

焦點 POINT

中華風味的鮭魚料理，卻相當出乎意外，所幸嘗起來也很美味

醬汁 生海苔酸奶油

材料

生海苔／酸奶油／醬油／味醂／日本酒／鮮味粉

作法

將所有材料拌勻成滑順狀。

MEMO

・多一點酸奶油。酸奶油的酸味類似檸檬的清爽風味
・沒有生海苔的話，可以改用青海苔或海苔片

副菜 過水萵苣

材料

萵苣（切塊）／醬油／蠔油／麻油／砂糖／白芝麻／熱水

作法

先混合調味料，在熱水滴幾滴麻油，將萵苣快速浸漬後，瀝掉水分。接著與調味料拌勻。

MEMO

・醬汁要濃稠一些
・保留萵苣的爽脆口感

配料

青蔥

鮭魚漢堡排佐馬鈴薯沙拉

 暢銷丼

 魚

生鮭魚切丁

德式	煎燒	酸豆・蒔蘿	日本人喜愛的鮭魚 × 漢堡排威力

比漢堡肉排健康的「鮭魚漢堡排」。混在肉泥中的香草蒔蘿更加襯托出鮭魚的風味。再搭配優格做成的醬汁，整體表現會走向健康路線。「德式香煎馬鈴薯沙拉」理則是加入了煎到硬脆的培根，增添肉類才有的鮮味。

主菜 鮭魚漢堡排

材料

生鮭魚（切細丁）／洋蔥（切粗丁）／酸豆／蒔蘿（碎末）／麵包粉（用少許牛奶泡開）／散蛋／醬油／鹽／黑胡椒／蒜泥／油

作法

將所有材料攪拌到結成一團，用大量熱油將兩面煎到硬脆。

醬汁 香草優格

材料

希臘優格／巴西利（碎末）／蒜泥／鹽／黑胡椒／砂糖／昆布茶

作法

將所有材料拌勻。

MEMO

・也可以使用瀝掉乳清的優格

焦點POINT

將鮭魚與漢堡排這兩樣日本人最愛食物結合的暢銷丼！充滿香草及辛香料的特色滋味也是魅力所在

副菜 德式香煎馬鈴薯沙拉

材料

馬鈴薯、綠花椰菜（汆燙後滾刀切）／培根／肉豆蔻／檸檬汁／鹽／黑胡椒／日式高湯醬油／油

作法

用熱油烹炒培根，倒入馬鈴薯、花椰菜稍作輾壓拌勻並調味。

MEMO

・培根要煎到酥脆，充滿鮮味
・檸檬汁與黑胡椒多一些

副菜 辣炒豌豆

材料

豌豆／鹽／紅辣椒粉／黑胡椒／油

作法

油加熱後，用大火快炒豌豆並調味。

MEMO

・要保留口感

配料

巴西利（碎末）／蒔蘿

香草風味鮭魚

祕魯 | 醃泡 | 收服香草熱愛者 | 米飯也是新嘗試

這道丼飯是把鮭魚做成祕魯等南美國家會有的「Ceviche」醃泡生魚片。特色在於洋蔥和芹菜也一起醃泡後的爽口美味。無論是醃泡生魚片、醬汁的「羅勒起司青醬」，還是配料都使用了香草，使整道丼飯有著滿滿的香草風味。

主菜 醃泡鮭魚片

材料

生鮭魚（切片）／洋蔥、芹菜（切薄片）／羅勒、青紫蘇、香菜、巴西利、奧勒岡葉（碎末）／萊姆汁／醬油／蒜泥／紅椒粉／辣椒粉／鹽／砂糖／昆布茶／橄欖油

作法

混合所有材料，調味並使其入味。

MEMO

· 要充分入味

副菜 地瓜炒玉米

材料

地瓜（切小塊）／玉米粒／鹽／橄欖油

作法

橄欖油加熱後，以大火烹炒地瓜和玉米粒。

MEMO

· 要炒出香氣，呈現食材的甜味

焦點POINT

雖然說是「香草風味」，但也別讓香草搶盡風頭，醋、醬油、鹽的用量還是要足夠

醬汁 Tallarin Verde 風味羅勒起司青醬

材料

羅勒／青紫蘇／洋蔥（切薄片）／奶油乳酪／日式高湯醬油／橄欖油／肉豆蔻／黑胡椒／鹽／砂糖

作法

橄欖油加熱後，烹炒羅勒、青紫蘇與洋蔥，再用食物調理機打成泥狀，加入奶油乳酪與調味料，調整整體風味。

MEMO

· 發揮奶油乳酪的酸味與黏稠感

米飯 萊姆醋飯

材料

米醋／萊姆汁／鹽／砂糖／昆布茶

作法

將調好的調味料與溫熱的米飯拌勻。

MEMO

· 拌飯的調味料用量不要太多，萊姆汁也是少量，聞得到香氣即可

配料

羅勒、青紫蘇、香菜、奧勒岡葉、薄荷、蒔蘿（切細絲）／萊姆

MEMO

· 也可以羅勒、青紫蘇擇一使用。放青紫蘇會更有日本味，嘗起來會比較習慣
· 如果有印加孔雀草（Huacatay）的話，會更像正宗的祕魯滋味

炸竹筴魚佐山形醬

竹筴魚
剖開

日式 | 炸 | 山形醬&佃煮海苔 | 日式醬汁雙拼的嶄新美味

暢銷丼

144

將夏季時蔬和提味蔬菜剁碎，跟調味料拌勻就能用來配飯的「山形醬」是日本山形縣的在地料理。同時能作為各種料理的醬汁加以運用。像是在這道丼飯裡就是「炸竹筴魚」的沾醬。山形醬能讓炸竹筴魚嘗起來更爽口，還能享受到蔬菜的香氣與口感。

主菜 炸竹筴魚

材料

竹筴魚（剖開）／奶油汁（雞蛋、牛奶、麵粉）／麵包粉／鹽／胡椒

作法

竹筴魚抹胡椒與鹽，浸過奶油汁後，裹上麵包粉，下鍋油炸。

MEMO

・可以夾入青紫蘇，或在麵包粉裡加入辛香料

醬汁 山形醬

材料

茄子、小黃瓜、蘘荷、秋葵、黃麻、生薑（切粗丁）／鹽昆布／青海苔／醬油／味醂／米醋／鰹魚高湯粉／昆布茶／砂糖

作法

將蔬菜與調味料充分拌勻入味。

MEMO

・米醋多一些
・P231〜也會解說「山形醬」作法

醬汁 佃煮海苔

材料

乾燥海苔片／味醂／醬油／日本酒／砂糖／鰹魚高湯粉

作法

用調味汁把海苔片泡開後加以燉煮。

MEMO

・呈黏稠糊狀

配料

紫蘇花穗／美乃滋

MEMO

・可用青紫蘇切絲代替紫蘇花穗

焦點POINT

山形醬與佃煮海苔。用「雙拼日式醬汁」展現炸竹筴魚的嶄新美味。佃煮海苔相當於醬油，能增添食材海味的濃郁度

味噌鯖魚鬆

暢銷丼

鹽味鯖魚

| 日式 | 炒 | 味噌・生薑 | 年輕人也愛，接受度極高的鯖魚丼 |

將有媽媽味道的「味噌滷鯖魚」做變化。「味噌鯖魚鬆」是把鯖魚剝碎成肉鬆狀，所以很好跟米飯一起入口，鯖魚本身的濃郁滋味與味噌香氣都跟副菜的炒蔬菜極為相搭。味噌本身風味較重，能讓口中膩味散去的「醋味小黃瓜」就扮演著很稱職的配角。

主菜 味噌鯖魚鬆

材料

鹽味鯖魚（燒烤、剝碎）／紅辣椒／大蒜、生薑（磨泥）／味噌／醬油／味醂／日本酒／昆布茶／砂糖／鹽

作法

煮滾調味料，放入鹽味鯖魚烹炒成碎末狀。

MEMO

・鯖魚烤過後，先去皮去刺，剝成碎塊
・生薑多一些

副菜 炒骰子蔬菜

材料

茄子、獅子辣椒、白蔥（切小塊）／麻油／鹽

作法

鍋中倒入大量麻油加熱，以大火烹炒蔬菜並調味。

MEMO

・味噌鯖魚鬆的滋味濃郁，所以蔬菜調味要淡一些，才能發揮素材本身的味道

副菜 醋味小黃瓜

材料

小黃瓜（切薄片）／米醋／醬油／砂糖／昆布茶／鹽／白芝麻

作法

將小黃瓜浸入混合好的調味料中。

MEMO

・味噌鯖魚鬆的滋味濃郁，所以小黃瓜的味道要夠酸才清爽

配料

青蔥

焦點POINT

對於「覺得挑魚刺很麻煩」的年輕人而言，這道鯖魚丼飯應該就沒有需要挑魚刺的問題。將魚肉分成小塊，加上較重的調味，讓討厭青皮魚的人也能開心品嘗

義式風味馬加鰆

義式　煎燒　番茄・大蒜・起司

滿滿義大利元素的衝擊感

馬加鰆（さわら）被分類為青皮魚，不過有著如白身魚般的高雅風味，非常適合烹調成西式料理，於是這裡嘗試注入了滿滿的「義大利元素」。「乾煸馬加鰆」擺上起司，副菜與醬汁則分別是「普羅旺斯燉菜」和「青海苔香蒜美乃滋」。既然馬加鰆字裡頭有春，蔬菜當然也要配合使用春季時蔬。

主菜 乾煸馬加鰆佐起司

材料

馬加鰆 (切塊)／鹽／胡椒／麵粉／橄欖油／莫札瑞拉起司

作法

馬加鰆抹鹽、胡椒，裹上麵粉後，放入大量的橄欖油中煎到酥脆。最後擺上起司，蓋上鍋蓋讓起司融化。

MEMO

・能用無刺的魚塊會更好

副菜 普羅旺斯燉菜

材料

洋蔥、芹菜、橄欖 (切粗丁)／芹菜葉、大蒜 (切丁)／番茄糊／鯷魚醬／橄欖油／鹽／黑胡椒／奧勒岡葉／紅椒粉／紅酒醋／日本酒／日式高湯醬油

作法

鍋中倒油加熱，放入大蒜炒香，接著拌炒蔬菜，調味後稍微煮過。

焦點POINT

衝著「滿滿義大利元素」的關鍵字，呈現出豪華的西式丼飯。其實，好像也可以換成其他非義大利的料理呢……

醬汁 青海苔香蒜美乃滋

材料

美乃滋／蒜泥／紅酒醋／青海苔／鹽／砂糖／黑胡椒／橄欖油

作法

將所有材料拌勻。

MEMO

・大蒜量要足夠

副菜 炒春蔬

材料

油菜、荷蘭豆、蘆筍、高麗菜 (切段、切薄片、切細條)／蒜泥／辣椒／鹽／黑胡椒／橄欖油

作法

鍋中倒油加熱，放入蒜泥、辣椒炒香，再以大火烹炒蔬菜並調味。

配料

雞蛋銀荊花 (水煮蛋)／杏仁碎末／橄欖

MEMO

・蛋白剁成粗丁，蛋黃碾碎
・這樣的雞蛋就像是春天的「銀荊花」

中華涼麵風味
鯖魚丼

魚

鯖魚
三片切法

| 中式 | 醋漬 | 拌勻享受涼麵會有的酸味&芝麻醬味 |

adito並沒有要開始賣中華涼麵，這裡提供的是「中華涼麵風味丼」。利用「醋漬鯖魚」和「冬粉沙拉」，呈現出中華涼麵會有的酸味。同時把「黑芝麻醬」藏在醋漬鯖魚下方，所以也能享受到「中華涼麵」的麻醬滋味。

主菜 醋漬鯖魚

材料

鯖魚（去刺，以三片切法處理）／海鹽／米醋／梅子醋／昆布茶／砂糖

作法

將鯖魚整個抹鹽，醃4～5小時，接著迅速水洗。擦乾水分，浸入可以蓋過鯖魚的調味料中。去除薄皮後切片。

MEMO

· 醃浸時間長短會改變味道，可依個人喜好調整

副菜 冬粉沙拉

材料

小黃瓜、芹菜、白蔥、胡蘿蔔、蛋（切細條）／冬粉（氽燙）／米醋／檸檬汁／醬油／味醂／鮮味粉／生薑泥／砂糖／鹽／鰹魚高湯粉／昆布茶

作法

混合調味汁，將所有食材分別浸漬入味（蛋絲除外）。

MEMO

· 盛裝時分開擺放，無須混拌

副菜 佃煮木耳

材料

乾木耳（浸水泡開，切細條）／蠔油／醬油／味醂／日本酒／砂糖／鹽

作法

用調味汁烹煮木耳。

MEMO

· 蠔油風味的佃煮，口感上也能帶來點綴

醬汁 黑芝麻醬

材料

黑芝麻醬／花生醬／麻油／豆瓣醬／米醋／醬油／味醂／日本酒／砂糖／鹽

作法

混合所有材料。

MEMO

· 黑芝麻風味會比白芝麻更強烈，因此適量即可

配料

黃芥末風味美乃滋

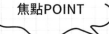
焦點POINT

不只有酸味，結合芝麻醬與芥末美乃滋後，在濃郁度與風味上都更適合配飯

這道丼飯的靈感源自於荷蘭料理。用一種名為「Haring」方法處理的緋魚料理（鹽醃生緋魚）變化成「醋漬沙丁魚」，再與想法源自「Erwtensoep」豌豆湯的滷蔬菜搭配組合。生醃風味的醋漬沙丁魚也加了醬油，所以嘗起來就像柚子醋，與米飯非常相搭。

主菜 生醃風味 醋漬沙丁魚

材料

沙丁魚（以三片切法處理）／蒜泥／檸檬汁／紅酒醋／米醋／橄欖油／醬油／味醂／昆布茶／鹽／砂糖／月桂葉

作法

用混合好的調味料醃泡沙丁魚。

MEMO

・依喜好調整醃泡時間

副菜 Erwtensoep 濃厚蔬菜湯

材料

蠶豆、馬鈴薯（汆燙、切小塊）／洋蔥、芹菜、胡蘿蔔（切小塊）／月桂葉／高湯粉／鹽／砂糖／黑胡椒／日式高湯醬油／橄欖油／水

作法

用橄欖油充分烹炒蔬菜，加入調味料，整個煮到熟透呈稠狀。

MEMO

・也可以直接打成泥醬
・煮爛的蔬菜可以淡化醋味，轉變成豐富鮮味

副菜 角切梅子小黃瓜

材料

小黃瓜、洋蔥、脆梅（切小塊）／紅酒醋／鹽／砂糖／昆布茶／黑胡椒

作法

混合調味料，並將蔬菜浸漬至少一晚使其入味。

MEMO

・加入日本食材的梅子，跟米飯會更相搭
・沒有脆梅的話，可改用梅子肉或紫蘇香鬆

配料

艾登起司（粉）／青蔥

MEMO

・艾登起司是荷蘭的硬質起司，也可換成其他種類

焦點 POINT

沙丁魚是盛產於初夏的魚類。為了讓這股初夏的爽颯風味能夠配上米飯，adito可是下了不少功夫。日文的丼飯名稱刻意用大家不太會念的漢字「和蘭陀」，讓人摸不著頭緒的命名也成了吸引客人的賣點

香辣白帶魚燒

牙買加   煎燒   辛香料&香草氣息的享受

牙買加當然少不了香蕉

這道丼飯的靈感來自牙買加「香辣煙燻烤雞」（Jerk Chicken）的「香辣白帶魚燒」，並在上面澆淋香辣醬，以料理本身的辛香滋味和香草的清新氣息做為賣點。蔬菜則是參照了「埃斯科維奇魚」（Escovitch），做成牙買加版的南蠻漬。辛香料裡還夾雜著「椰香紅豆飯」與「香蕉脆片」的甜味。

主菜 香辣白帶魚燒

材料

白帶魚（去刺）／百里香、辣味香料粉、肉豆蔻、肉桂、丁香、紅辣椒粉、黑胡椒粉／醬油／味醂／日本酒／蒜泥／橄欖油

作法

以放有辛香料的調味汁醃漬白帶魚，再用油煎燒。

醬汁 香辣醬

材料

洋蔥／生薑／墨西哥辣椒泥／鹽／砂糖／紅酒醋／醬油／昆布茶／鰹魚高湯粉／百里香、多香果、肉豆蔻、肉桂、丁香、紅辣椒粉、黑胡椒粉

作法

用食物調理機將蔬菜打成泥狀，加入調味料拌勻。

MEMO

・洋蔥為主要材料，並依自己喜愛的辣度添加生薑與墨西哥辣椒

副菜 埃斯科維奇風味辣醋漬蔬菜

材料

洋蔥、紅甜椒、黃甜椒（切細條）／鷹爪辣椒／大蒜、生薑（磨泥）／紅酒醋／橄欖油／醬油／砂糖／鹽／昆布茶／月桂葉

作法

混合調味汁，與蔬菜拌勻使其入味。

米飯 椰香紅豆飯

材料

米／椰子粉／蒜泥／麻油／百里香／紅豆／鹽

作法

洗米，加入調味料與紅豆炊煮。

配料

香蕉脆片（剁碎）／白芝麻／青蔥

焦點POINT

牙買加習慣使用大量的百里香。
這道丼飯可以充分體認到原來「香氣」也能是「享受料理」的要素

寮國風
炸秋刀魚

魚

秋刀魚
三片切法

寮國　炸　炸糯米的新口感　滿滿香草風味

糯米是寮國的主食，所以這裡嘗試裹上五色米果，做成「糯米風味炸秋刀魚」。並且佐上靈感源自於寮國經典料理「Larb」，充滿清爽香草味的「萊姆香草風炒蛋」，當然也少不了仿照寮國餐桌必備美食「Jeow」做成的辣椒沾醬。整道丼飯結合「滿滿的香草」才是正宗的寮國滋味。

主菜 糯米風味炸秋刀魚

材料

秋刀魚（以三片切法處理）／鹽／胡椒／五色米果／天婦羅麵糊（麵粉、蛋白、水）

作法

秋刀魚抹鹽，裹上麵粉，浸入天婦羅麵糊後，再整個裹上五色米果，並下鍋油炸。

副菜 Larb 萊姆香草風炒蛋

材料

炒蛋／檸檬草、香菜、薄荷（切細絲）／洋蔥（切薄片）／萊姆汁／魚露／蒜泥／日式高湯醬油／砂糖／鹽／鰹魚高湯粉／昆布茶

作法

混合調味料，再與炒蛋、蔬菜香草類拌勻。

焦點POINT

「偶爾想換換口味，來點清爽的香草醬！」這般充滿自我風格的味道非常有吸引力。完全未知的異國滋味能激發客人的好奇心，成為暢銷丼飯

醬汁 Jeow 辣椒沾醬

材料

紅辣椒、綠辣椒、洋蔥、大蒜（切粗丁）／香菜（碎末）／魚露／萊姆汁／鹽／砂糖／醬油／鰹魚高湯粉／昆布茶

作法

將辣椒、洋蔥、大蒜用烤箱或鍋中鋪烤網煎烤到焦脆。接著和調味料一起用食物調理機打爛，調味後再加入香菜。

MEMO

・相當於寮國的味噌
・醃泡個一週也很美味

副菜 露風味炒竹筍

材料

水煮竹筍（切薄片）／胡蘿蔔（切細條）／蒜泥／魚露／甜辣醬／麻油

作法

麻油加熱，把蒜泥炒香後，加入竹筍、胡蘿蔔烹炒並調味。

配料

香菜

輕飄月見
烏賊納豆

魚

生烏賊
切細條

日式 醃漬 醬油·味噌 顆粒口感大集合

蛋白霜效果滿點TKG

只要稍微處理一下，就能讓眾人熟悉的「烏賊納豆」美味升級。醃漬過的生烏賊細麵，搭配上有著顆粒感的味噌醪和納豆雙組合。在「蛋白霜」擺上蛋黃更增添視覺效果，「不喜歡蛋白黏稠感」的客人接受度也很高。

主菜 漬生烏賊細麵

材料

生烏賊 (切細條)／醬油／味醂／日本酒／昆布茶

作法

用混合好的調味料醃漬烏賊一段時間。

副菜 顆粒味噌納豆

材料

納豆／味噌醪／日式高湯醬油／日本酒／味醂

作法

混合所有材料。

MEMO

・充分攪拌，使材料不再黏稠

副菜 炒青菜

材料

山茼蒿、青蔥 (切段)／昆布茶／醬油／味醂／鹽

作法

加熱芝麻油，烹炒蔬菜並調味。

MEMO

・只要是綠色蔬菜都很搭，氣味較強的蔬菜還能形成點綴

配料

蛋黃／蛋白霜／白芝麻／紫蘇花穗／奈良漬 (切粗丁)／青蔥

MEMO

・將蛋白打散，加鹽後再用打蛋器打發成蛋白霜

焦點POINT

「輕飄月見」的視覺及口感有明顯的加分效果。
把納豆當成醬料使用的概念也很棒！

漆黑墨魚汁

| 西班牙 | 滷 | 墨魚汁・番茄 |
| 黑色吸睛度 | 泡沫時期懷念的流行滋味 |

暢銷丼

這道丼飯充分展現出「熱情國度・西班牙」以烏賊、蔬菜做成的「墨汁滷墨魚」，配上「Romesco羅曼斯可醬」和「Migas炒麵包酥」，全都是西班牙的傳統滋味。使用了堅果與番茄的羅曼斯可醬兼具香氣與口感，即便炒麵包酥的表現簡單，其中的大蒜風味與口感還是發揮相當的影響力。

主菜 墨汁滷墨魚

材料

烏賊（輪切）／芹菜（切丁）／洋蔥醬／蒜泥／番茄泥／白酒／紅椒粉／辣椒粉／墨魚汁／橄欖油／醬油／味酥／鰹魚高湯粉／昆布茶

作法

鍋子倒油加熱，放入蒜泥炒香，接著放入蔬菜烹炒並調味，將汁液煮滾。放入烏賊，煮熟即可。

MEMO

・可以先把墨魚汁跟番茄泥、白酒攪拌均勻再使用。烏賊不要煮太久以免口感太硬

醬汁 羅曼斯可醬

材料

紅甜椒、腰果、番茄、大蒜（切粗丁）／紅椒粉／日式高湯醬油／鹽／黑胡椒／砂糖／檸檬汁／紅酒醋／橄欖油

作法

鍋子倒油加熱，放入食材烹炒。用食物調理機打成滑順泥狀並調味。

MEMO

・羅曼斯可醬一般會使用松子，但換成其他堅果類也很美味濃郁

副菜 炒麵包酥 Migas

材料

新鮮麵包粉（粗）／蒜泥／鹽／黑胡椒／橄欖油

作法

鍋子倒入大量的油加熱，放入蒜泥炒香，接著加入麵包粉並調味，將麵包粉拌炒到酥脆變色。

MEMO

・就像是配料般的硬脆口感

副菜 西班牙風味炒蔬菜

材料

馬鈴薯、洋蔥、甜椒、櫛瓜、茄子、秋葵（切小塊）／薑黃／奧勒岡葉／紅辣椒粉／黑胡椒／蒜泥／橄欖油／鹽

作法

鍋子倒油加熱，放入蒜泥炒香，先放入較硬的蔬菜依序烹炒，炒熟後即可調味。

配料

青蔥（也可以換成巴西利等能添綠色的食材）

焦點POINT

墨魚汁的黑色視覺效果＆濃郁鮮味，應是無人能出其右。
這股風味在泡沫時期曾蔚為流行，讓人相當懷念，所以嘗試做成丼飯，看看能否吸引年輕人的興趣

麻婆烏賊

中式　炒　麻辣・乳香

2 種對比強烈的風味融合

魚

烏賊
切小塊

「花椒」百分之百發揮辣味的「麻婆烏賊」有著「麻婆豆腐」的正宗滋味。不過這裡選擇把豆腐另外烹煮，做成富含乳製品醇厚滋味的「乳香滷豆腐」。刺激的辛辣與溫醇組合，「麻婆烏賊」其中的對比能讓品嘗者享受到全新美味。

主菜 麻婆烏賊

材料

烏賊（切小塊）／白蔥、洋蔥、香菇、南瓜、山藥（切小塊）／金針菇（切段）／豆瓣醬／甜麵醬／蠔油／花椒／鰹魚高湯粉／昆布茶／醬油／味醂／日本酒／太白粉／鹽／大蒜、生薑（磨泥）

作法

烏賊塗抹酒、鹽、太白粉。鍋子倒油加熱，放入大蒜、生薑炒香，接著放入烏賊烹炒，取出備用。烹炒蔬菜並調味，倒回烏賊炒熟。

MEMO

· 花椒與豆瓣醬味道要重一些
· 注意烏賊不可太老
· P138也介紹了鮭魚酪梨「麻婆」，以食材做各種變化

副菜 乳香滷豆腐

材料

絹豆腐（搗碎）／白蔥（切薄片）／淡奶／牛奶／鮮味粉／日本酒／日式高湯醬油／味醂／麻油／葛粉

作法

鍋子倒油加熱，放入白蔥與豆腐烹炒，加入調味料並勾芡。最後添加乳製品調整味道，並稍微煮滾。

配料

青蔥／花椒

焦點POINT

鮮明的風味對比！讓人印象深刻。把2種味道一起大口塞入嘴巴，就是熟悉的滋味（麻婆豆腐），分開品嘗亦是美味。這正是丼飯的厲害之處

泡菜烏賊

| 韓式 | 辣味・酸味・醇厚滋味三者合一 |

| 下酒菜搖身一變成豪華丼飯 |

「泡菜烏賊」和「醋味山藥泥」一起品嘗的話，能夠感受到辣味、酸味、醇厚滋味合而為一的美味。在米飯周圍鋪放大量「醃漬蔬菜絲」，為營養均衡加分。最後撒上的青海苔也與丼飯十分相搭。

主菜 泡菜烏賊

材料

生烏賊（切細條）／泡菜醬／豆瓣醬／醬油／味醂／蠔油／大蒜、生薑（磨泥）／鰹魚高湯粉／昆布茶／砂糖／白芝麻

作法

混合調味料，與烏賊拌勻，靜置數小時使其入味。

MEMO

- 可依喜好甜一點或辣一點
- 也可以加點鹽辛烏賊或蝦米
- 使用現成的泡菜醬就好

副菜 醃漬蔬菜絲

材料

胡蘿蔔、白蘿蔔、洋蔥（切細條）／乾海帶芽（浸水泡開，切段）／蛋絲／蒜泥／鹽／砂糖／麻油

作法

混合所有材料使其入味。

配料

青海苔／青蔥／燒海苔（多放點在飯上）

副菜 醋味山藥泥

材料

長芋山藥／米醋／砂糖／鹽／日式高湯醬油

作法

混合所有材料。

MEMO

- 醋味重一些
- 黏度相對較弱的長芋山藥適合做成醬汁運用

焦點 POINT

下酒的泡菜烏賊加上使用大量蔬菜的副菜和山藥泥，就是一道豪華丼飯！

葡式章魚飯

葡萄牙	炊飯 & 油炸

番茄・奧勒岡葉・青海苔	飯裡、副菜都有章魚好滿足

　「天婦羅」最早源自葡萄牙，而這道葡式風味「章魚飯」丼也能品嘗到「章魚天婦羅」。建議要將章魚天婦羅一起拌入丼飯中品嘗。因為章魚在葡萄牙也很受歡迎，所以adito利用了這個共通點，開發出這道丼飯。使用了白酒、奧勒岡葉的「章魚飯」以及充滿番茄清爽酸味的西式「醃泡時蔬」，與章魚天婦羅的搭配絕妙無比。

主菜 章魚飯

材料

水煮章魚（切塊）／米／洋蔥、番茄（切丁）／香菜（切丁）／蒜泥／鹽／醬油／味醂／白酒／黑胡椒／奧勒岡葉、紅椒粉／昆布茶

作法

洗米後，加入食材與調味料炊煮。

MEMO

‧調味酌量，才能發揮章魚的鮮味

主菜 章魚天婦羅

材料

水煮章魚／麵粉／青海苔天婦羅麵糊（青海苔、麵粉、冰水、鹽）

作法

章魚抹麵粉，沾裹天婦羅麵糊後，下鍋油炸。

MEMO

‧麵衣要用冰水，炸出來的天婦羅才會酥脆
‧炸成什錦天婦羅的形狀，麵衣要夠厚才有酥脆感

副菜 醃泡時蔬

材料

小番茄（切半）／馬鈴薯（汆燙，切小塊）／洋蔥、紅甜椒、炸茄子（切小塊）／毛豆／大蒜、生薑（磨泥）／柴魚／橄欖油／紅酒醋／檸檬汁／鹽／砂糖／黑胡椒

作法

將蔬菜和調味料拌勻入味。

MEMO

‧相當於醬汁

配料

海苔絲

焦點 POINT

飯裡面有章魚，最上面也有擺章魚！
西式風味的新形態章魚飯。
加入日式高湯後，還能變成天茶泡飯

塔可章魚飯

墨西哥 　炒 　辣椒粉 　奶香醬

文字裡的風趣

魚

水煮章魚
切粗丁

原本，「塔可飯」是把墨西哥Tacos塔可餅的餡料放在飯上。塔可飯的英文是Taco Rice，adito就在想，那麼Taco Rice的「Taco」也可以是指日文的章魚啊！於是設計出這道丼飯，以使用了辣椒粉的「墨式章魚鬆」為主菜。搭配上當地常見的「Tampico蟹肉醬」，效果非常不錯。

主菜 墨式章魚鬆

材料

水煮章魚（切粗丁）／洋蔥、胡蘿蔔、芹菜、地瓜（切小塊）／乾海帶芽（浸水泡開，切碎末）／香菜梗（切碎末）／蒜泥／檸檬汁／番茄醬／伍斯特醬／橄欖油／辣味香料粉／味醂／醬油／鰹魚高湯粉

作法

鍋中倒油加熱，放入蒜泥與辣味香料粉炒香，加入食材並調味，再以大火烹炒。

MEMO

· 辣味香料粉要夠量
· 也可以換成馬鈴薯，不過地瓜的甜與嗆辣味比較相搭

副菜 鹽昆布風味高麗菜

材料

高麗菜（切細條）／胡蘿蔔（切細條）／鹽昆布／砂糖／蒜泥／橄欖油

作法

將所有材料拌勻使其入味。

MEMO

· 橄欖油換成麻油就是中華風味

醬汁 Tampico 蟹肉辣味美乃滋

材料

蟹肉棒（順著纖維撕開）／綠辣椒、胡蘿蔔、芹菜、洋蔥、巴西利（切粗丁）／奶油乳酪／美乃滋／辣味香料粉／黑胡椒／醬油／鹽／砂糖

作法

將所有材料拌勻使其入味。

配料

香菜／生洋蔥（刨絲）／起司絲

焦點 POINT

沒有放肉的「塔可章魚飯」充滿章魚鮮味、辛香料和起司，也是非常美味

引爆炸蝦

日式 | 炸 | 商品名&視覺衝擊

有助控管成本

如同名稱中的「炸彈」，又圓又大的炸蝦能帶來不小的衝擊。這道丼飯可是會讓喜歡吃蝦的人招架不住。調味上同樣下足功夫，摒棄一般醬汁，改用白蘿蔔和酪梨製成的原創醬料。再配上「菠菜拌柴魚」，能攝取到充足的蔬菜。

主菜 炸蝦

材料

蝦子（切塊）／洋蔥（切粗丁）／水煮蛋（切粗丁）／青蔥（切小塊）／麵包粉（用少許牛奶泡開）／雞蛋／鹽／黑胡椒／麵粉／奶油汁（雞蛋、麵粉、水）／麵包粉

作法

蝦子和洋蔥裹上些許麵粉後烹炒並調味。炒熟後，加入水煮蛋及青蔥，同時拌入用牛奶泡開的麵包粉，揉成圓形，浸入奶油汁，裹上麵包粉並下鍋油炸。

MEMO

·拌好後可以冰一下冷藏，會更好塑型
·奶油汁的麵粉要多一些，讓汁液較黏稠

焦點POINT

炸蝦拌入水煮蛋的話可以減少蝦子用量，有助成本控管

醬汁 芥末美乃滋蘿蔔泥

材料

蘿蔔泥／酪梨／芥末泥／美乃滋／柴魚／昆布茶／日式高湯醬油／鹽／砂糖

作法

蘿蔔泥擰乾水分後，與調味料混合，再加入酪梨拌勻，要避免壓爛酪梨。

MEMO

·這樣的調味方式既不會影響蝦子本身的風味，還能享受到全新感覺的美味
·芥末多一些加重味道

副菜 菠菜拌柴魚

材料

菠菜（汆燙，切段）／柴魚／醬油

作法

菠菜汆燙後擰乾水分，與柴魚、醬油拌勻調味。

配料

青蔥

成人風味
美乃滋辣蝦

| 中式 | 炒 | 辣醬&美乃滋 | 人氣料理最強組合 | 清爽的成人滋味 |

這道丼飯集結了「乾燒蝦仁」與「美乃滋蝦球」兩個最強組合。將「美乃滋蔬菜」與乾燒蝦仁一起入口品嘗，就會是「美乃滋蝦球」的滋味。乾燒蝦仁使用了茶葉，美乃滋則添加了琴酒與柚子胡椒，打造成「清爽的成人滋味」。

主菜 乾燒蝦仁

材料

蝦子／秋葵（斜切）／洋蔥、生薑、白蔥（切粗丁）／番茄醬／豆瓣醬／煎茶茶葉（碎末）／醬油／鰹魚高湯粉／昆布茶／鹽／太白粉／日本酒／麻油

作法

去掉蝦子腸泥，抹上酒、鹽、太白粉。鍋中倒入麻油加熱，放入蝦子烹炒，起鍋備用。放入佐料炒香，加入蔬菜用大火烹炒並調味，最後倒回蝦子炒熟。

MEMO

・沒有茶葉的話，也可直接用烏龍茶、紅茶等任何茶類

副菜 美乃滋蔬菜

材料

胡蘿蔔、白蔥、蘘荷（切細條）／柚子胡椒／美乃滋／煉乳／琴酒／鹽／黑胡椒／昆布茶

作法

混合調味料，並和蔬菜拌勻。

MEMO

・濃郁的甜味
・柚子胡椒適量即可

配料

青蔥／腰果（切粗丁）

焦點POINT

人氣料理攜手合作。為了避免兩者互相牴觸，讓味道變得複雜，刻意加入了拉開彼此距離的「成人滋味」（苦味等），還能降低油膩感

鮻仔魚
班尼迪克蛋丼

英國 炸 鮻仔魚的鹹味・奶油

冷凍雞蛋活用術 西式 TKG

魚

清燙
鮻仔魚

「班尼迪克蛋」是在瑪芬澆淋荷蘭醬，搭配有鹹味的火腿或鮭魚一起品嘗的料理。而這道丼飯，就是將班尼迪克蛋的要素改以日式呈現。在清燙的魩仔魚上擺放半熟的「玉子天婦羅」，接著澆淋加有天婦羅沾醬的荷蘭醬風味汁。

主菜 清燙魩仔魚

主菜 玉子天婦羅

材料

冷凍雞蛋／天婦羅麵糊（麵粉、鹽、水）／麵粉

作法

雞蛋帶殼冷凍一晚，表面解凍後剝掉蛋殼。將還是冷凍狀態的雞蛋抹麵粉，沾裹麵糊後下鍋油炸。

MEMO

・使用冷凍雞蛋能讓蛋黃風味新穎變得Q彈

醬汁 荷蘭醬

材料

蛋黃／紅酒醋／檸檬汁／日式高湯醬油／鹽／砂糖／黑胡椒／鰹魚高湯粉／昆布茶／融化奶油

作法

奶油除外的所有食材都放入料理盆中隔著熱水拌勻，變黏稠後，再分數次加入奶油。

MEMO

・多加點鹽和醬油，避免味道單調

副菜 奶香蔬菜

材料

蘑菇、洋蔥（切薄片）／蘆筍（斜切薄片）／奶油／鹽／黑胡椒

作法

奶油加熱後，用大火快炒蔬菜並調味。

配料

番茄切片／七味辣椒粉

焦點POINT

「玉子天婦羅」能增添分量。魩仔魚鹹味融入了奶油風味中，是道能讓食慾大開的西式TKG雞蛋拌飯

亞洲風味
酥脆鮍仔魚

暢銷丼

魚
鮍仔魚

| 泰國 | 炒 | 泰式酸辣・魚露 |

拌飯的口感與香氣合奏曲

176

魚類

「酥脆魩仔魚」香氣四溢的口感，搭配上又酸又甜又辣的提味蔬菜與辛香料，呈現出異國風味。把所有食材混拌品嘗的話，不曾體驗過的美味會在口中擴散開來。「泰式酸辣豆腐」和「魚露醬油」也是能展現泰日友好的「調味料代表」組合。

主菜 酥脆魩仔魚

材料

魩仔魚／花生（剁碎）／麻油／鹽

作法

用大量的油將魩仔魚和花生拌炒至酥脆後，撒鹽調味。

MEMO

・要不斷翻炒避免焦掉
・也可以放入鷹爪辣椒一起炒

副菜 青椒炒香草

材料

綠辣椒、青椒、紅甜椒、黃甜椒、香菜、羅勒（切細條）／鹽／黑胡椒／麻油／日式高湯醬油

作法

麻油入鍋加熱後，用大火烹炒蔬菜並調味，最後再加入香菜、羅勒拌勻。

副菜 泰式酸辣豆腐

材料

豆腐（瀝掉水分）／日式高湯醬油／冬蔭功醬／鹽／麻油

作法

麻油加熱後，放入冬蔭功醬炒香，加入豆腐與調味料。不斷拌炒壓碎豆腐，並讓水分蒸發。

MEMO

・也可以用豆瓣醬、蝦米、魚露、檸檬、醬油來取代冬蔭功醬

醬汁 魚露醬油

材料

魚露／檸檬汁／甜辣醬／醬油／鰹魚高湯粉／昆布茶

作法

將所有材料拌勻。

配料

荷包蛋／香菜／柴魚、燒海苔（多放點在飯上）

MEMO

・香菜使用葉片柔軟的部分

焦點POINT

就算是很平凡的配角級食材，只要大量集結後還是能展現口感與香氣，成為充滿魅力的拌飯丼

鰻魚蔥起司

暢銷丼

白鰻
浦燒

日式　煮　甜醬油味・起司　分量滿點鰻魚丼

最強暢銷三組合

說到鰻魚，當然會想到日本人作為犒賞的精力丼。心想如果把鰻魚和起司結合，說不定會成為感覺吃過，卻又有些陌生的「夢幻組合」，於是開發出「起司裹鰻魚」，成了停不下扒飯動作的分量滿點「鰻魚丼」。

主菜 起司裹鰻魚

材料

蒲燒鰻（切成適當大小）／白蔥、洋蔥、茄子（切粗塊）／麵麩（浸水泡開）／起司／醬油／味醂／日本酒／砂糖

作法

煮滾調味料，放入蔬菜和麵麩煮軟，加入鰻魚煮熟，再放上大量起司加熱融化。

MEMO

・調味摘近偏甜的親子丼

副菜 醋味大白菜

材料

大白菜芯、白蔥（切細條）／米醋／鹽／砂糖／昆布茶

作法

將大白菜和白蔥進入混合好的調味料，使其入味。

MEMO

・選擇自己喜愛的蔬菜

副菜 炸牛蒡粒

材料

牛蒡（輪切）／太白粉／醬油／米醋／砂糖／黑糖／鷹爪辣椒

作法

牛蒡裹太白粉後直接油炸，接著放入煮滾的調味料烹煮拌勻。

MEMO

・口感與風味上的點綴
・輪切也可以換成削切

配料

鴨兒芹／青蔥（加量）／山椒

焦點POINT

一個「鰻」字就能讓丼飯大受歡迎，客人們也很愛融化牽絲的起司。其實還有不少人是白蔥愛好者，總之就是最強暢銷三組合

巴薩米克風味鰻

義式 | 煮 | 甜醬油味・巴薩米克醋

味道與食材思維同樣嶄新的鮭魚丼

暢銷丼

魚
白鰻
蒲燒

「巴薩米克風味鰻」可以實際感受到醬油與巴薩米克醋的美味，猶如超越國界的最佳情侶組合。「奶香菠菜」則是讓整道丼飯風味更醇厚。說到鰻魚當然也少不了山椒與牛蒡，所以副菜搭配「山椒燉茄子」，並佐上「牛蒡脆片」為口感注入點綴。

主菜 巴薩米克風味鰻

材料

蒲燒鰻／巴薩米克醋／紅酒／味醂／醬油／砂糖

作法

煮滾調味料，放入鰻魚煮熟並取出。將調味料煮到收汁，並調整味道。

MEMO

・醬汁用來澆淋米飯

副菜 奶香菠菜

材料

菠菜（汆燙，切段）／洋蔥（切粗丁）／奶油／麵粉／牛奶／淡奶／鹽／黑胡椒／雞湯粉

作法

奶油加熱，加入洋蔥與麵粉烹炒，再加入牛奶稀釋並調味。帶點稠度後，就可以加入菠菜煮熟。

MEMO

・不同蔬菜會有不同感覺。換成紫蘇或山茼蒿的話會變得更日式，羅勒或芝麻葉則會變義式

副菜 山椒燉茄子

材料

茄子、櫛瓜、青椒、南瓜、芹菜、番茄、洋蔥（切小塊）／紅酒醋／砂糖／黑胡椒／山椒／蒜泥／月桂葉／鷹爪辣椒／醬油／鰹魚高湯粉／昆布茶／橄欖油

作法

鍋中倒油加熱，放入蒜泥炒香後，再加入蔬菜烹炒並調味，稍微煮到變軟。

MEMO

・茄子和南瓜要事先炒熟

副菜 牛蒡脆片

材料

牛蒡（較大塊的削切）／太白粉／鹽

作法

用高溫直接油炸，炸到口感酥脆。

配料

芝麻葉（切細條）／山椒

焦點POINT

不只是「醬油巴薩米克醋」新奇，更是一道蔬菜滿點的嶄新「鰻魚丼」

鰻魚精力丼
佐美味醬

| 中式 | 炒 | 甜醬油味・黑胡椒 | 鰻魚&精力蔬菜 | 以醬汁為主軸的美味 |

鰻魚絕對是夏天消暑的最佳食材。這道丼飯不僅有鰻魚，更加入了「幾進過量」的韭菜、山藥等補精力食材，希望能用來戰勝炎熱夏天。最後澆淋的濃郁「胡椒醬」與鰻魚一樣契合，是以黑胡椒與蠔油製成，能用在各種料理的萬能醬汁。

主菜 鰻魚炒蛋

材料

蒲燒鰻（切成適當大小）／洋蔥（切薄片）／韭菜、蒜苗（切段）／白蔥、胡蘿蔔（切細條）／豆芽菜／蒜泥／雞蛋／麻油／鹽／胡椒

作法

鍋中倒入麻油加熱，加入雞蛋做成炒蛋備用。放入大蒜炒香，用大火烹炒蔬菜並調味，接著加入鰻魚，再倒回炒蛋拌勻。

副菜 醋漬山藥

材料

山藥（切細條）／枸杞／麻油／米醋／砂糖／鹽

作法

混合調味料，加入山藥使其入味。

醬汁 胡椒醬 黑胡椒美味醬

材料

洋蔥／大蒜／生薑／松子／番茄醬／味噌／黑胡椒／中式醬油／蠔油／砂糖／麻油／日本酒／鰹魚高湯粉／昆布茶

作法

蔬菜打成泥，和調味料一同入鍋煮到水分蒸發收汁。

MEMO

· 主角是黑胡椒，用量要多到嚇人
· 沒有中式醬油的話，可以換成普通醬油，並將砂糖換成黑糖

配料

松子

焦點POINT

不單單只有鰻魚，裡頭還徹底運用精力蔬菜，絕對是道營養均衡的「精力丼」。「胡椒醬」在當中就像主角一樣，甚至可以說吃這道丼飯其實是為了品嘗胡椒醬

軟嫩星鰻丼

| 日式 | 煮 | 甜醬油味 | 加入香菇鮮味 | 暢銷關鍵字 |

以甜味醬油煮到軟嫩的「煮星鰻」會讓人白飯一口接一口。
最後還會澆淋「佃煮香菇」的醬汁，更添鮮味。甜醬油風味
的煮星鰻和佃煮香菇跟鋪在米飯周圍的「炒雞蛋」也很搭，
裡頭還可以嘗到「醋味小黃瓜海帶芽」的清爽滋味。

主菜 煮星鰻

材料

白燒星鰻（切成適當大小）／醬油／味醂／日本酒／昆
布茶

作法

煮滾調味料，放入星鰻烹煮。

MEMO

・調味偏淡
・保留星鰻的形狀，不要煮散

副菜 醋味小黃瓜海帶芽

材料

小黃瓜、白蔥（輪切）／洋蔥（切薄片）／乾海帶芽（浸水
泡開，切段）／日式高湯醬油／米醋／檸檬汁／砂糖／
鹽

作法

混合調味料，與蔬菜、海帶芽拌勻。

焦點 POINT

星鰻和香菇都是充滿甜醬油滋味，能讓白飯一口
接一口的素材。料理名裡的「軟嫩」也是暢銷關
鍵字

副菜 佃煮香菇

材料

乾香菇（浸水泡開切細條）／日本酒／醬油／味醂／砂
糖／鹽／鰹魚高湯粉／昆布茶

作法

煮滾調味料，放入香菇用大火炊煮。取出香菇，把湯液
再煮到收汁，調味後作為淋醬使用。

MEMO

・滋味甜鹹的佃煮

副菜 炒雞蛋

材料

雞蛋／味醂／鹽

作法

把充分打散的蛋汁倒入平底鍋，邊加熱邊用打蛋器攪
拌，做成炒蛋。

MEMO

・偏甜的炒蛋

配料

山椒粉／香菇佃煮汁／青蔥

夏星鰻清爽丼

中式 ・ 炒・醃 ・ 蠔油・糖醋・檸檬

提味蔬菜的清爽

透過這道丼飯希望讓客人知道，「就算是中華丼，還是有口感清爽，適合夏天的丼飯呦！」於是adito想出了用「蠔油星鰻佐鮮蔬」搭配「檸檬羹」和「提味蔬菜醬」的組合。感覺就像是汆燙豬肉淋上提香醬料的「蒜泥白肉」變化版。

主菜 蠔油星鰻佐鮮蔬

材料

白燒星鰻（切成適當大小）／茄子、蓮藕（切方條）／豆瓣醬／醬油／蠔油／米醋／砂糖／鹽／黑胡椒／麻油

作法

鍋子倒入大量的油加熱，加入豆瓣醬炒香，放入茄子和蓮藕拌炒，炒熱後浸入調味汁中。澆淋在切好的星鰻上。

MEMO

· 茄子要炒到軟爛

醬汁 檸檬羹

材料

鮮味粉／米醋／檸檬汁／醬油／蜂蜜／砂糖／鹽／葛粉／鰹魚高湯粉／昆布茶／水

作法

材料倒入鍋中煮到變黏稠，最後再加入檸檬汁調整味道。

MEMO

· 強烈的酸甜滋味

醬汁 提味蔬菜醬

材料

小黃瓜、白蔥、生薑、芹菜（切丁）／甜麵醬／黑醋／麻油／蜂蜜／鹽／砂糖／鰹魚高湯粉／昆布茶

作法

將所有材料拌勻入味。

MEMO

· 甜麵醬是提味用，適量即可
· 沒有蜂蜜的話可砂糖加量

配料

番茄（切半月形）／豆苗

MEMO

· 使用豆苗嫩葉部分

焦點 POINT

與米飯非常相搭的濃郁中式拌醬，和檸檬的香氣、提味蔬菜的爽口氣息極為契合

印度咖哩炸星鰻

魚
生星鰻

印度　炸　香料&蕎麥麵店會賣的咖哩

咖哩小宇宙

沾裹放了青海苔的麵衣，炸到酥脆的「炸星鰻」其實和咖哩醬很搭。
副菜的靈感則是來自於印度咖哩少不了的「醃菜Achar」和「蒸滷蔬菜
Sabji」。這道丼飯與咖哩飯走不同路線，呈現出丼飯才有，充滿印度元
素的「咖哩小宇宙」。

主菜 炸星鰻

材料

生星鰻（切成適當大小）／天婦羅麵糊（麵粉、青海苔、
水、鹽）／鹽

作法

麵糊本身就要先調味。星鰻抹鹽、麵粉後，沾裹麵糊，下
鍋油炸到酥脆。

主菜 印度咖哩

材料

洋蔥醬／小番茄（切半）／腰果（剁碎）／咖哩粉／葛拉
姆馬薩拉香料／咖哩塊／大蒜、生薑（磨泥）／醬油／
味醂／日本酒／鰹魚高湯粉／昆布茶

作法

油加熱，放入辛香料炒香，加入堅果、洋蔥烹炒，調味後
繼續燉煮。最後再加入番茄拌勻。

MEMO

・以日式的蕎麥麵店咖哩為基底，添加大量的葛拉姆馬
薩拉香料

焦點 POINT

充滿香料味的「蕎麥麵店風味咖哩」醬汁是各個
年齡層都會喜愛的滋味

副菜 Achar 印度醃菜

材料

洋蔥、白蔥（切塊）／米醋／檸檬汁／卡宴辣椒／蒜泥／
鹽／砂糖

作法

混合所有材料使其入味。

MEMO

・可以醃漬數天入味
・可換成自己喜愛的蔬菜

副菜 Sabji 辛香料蒸滷蔬菜

材料

櫛瓜、芹菜、杏鮑菇（切薄片）／大蒜、生薑（磨泥）／孜
然（顆粒）／薑黃、芫荽、辣椒粉／鹽／砂糖／黑胡椒／
醬油

作法

油鍋加熱，放入孜然、大蒜、生薑炒香，加入蔬菜，調味
後蓋上鍋蓋燜煮。煮到全熟軟爛。

配料

青蔥

魚

小帆立貝

番茄味噌奶油帆立貝

日式 | 煎燒 | 番茄・味噌・生薑・奶油 | 奶香帆立貝進化版

190

帆立貝應該會讓人想到「奶香帆立貝」。將這道奶香帆立貝，澆淋上「番茄味噌醬」，就成了更下飯的滋味。濃郁的奶油與味噌搭配上番茄的酸味，不僅能淡化油膩感，與副菜的「涼拌生薑高麗菜」也非常相搭。

主菜 奶香炒帆立貝

材料

小帆立貝（汆燙）／奶油／黑胡椒／鹽／日式高湯醬油／昆布茶

作法

奶油加熱後，放入帆立貝並調味，用大火煎燒讓水分蒸發。

醬汁 番茄味噌醬

材料

番茄泥／味噌／伍斯特醬／奶油／生薑泥／醬油／味醂／砂糖／昆布茶／鰹魚高湯粉／鹽

作法

混合所有材料並加熱，煮到水分蒸發收汁且變得有亮澤。

MEMO

・伍斯特醬是提味用，少量即可

副菜 涼拌生薑高麗菜

材料

高麗菜（切細條）／胡蘿蔔（切細條）／洋蔥（切薄片）／生薑（切絲）／檸檬汁／美乃滋／醬油／砂糖／鹽／山椒

作法

將所有材料拌勻入味。

副菜 奶香玉米粒

材料

玉米粒／奶油／黑胡椒／鹽

作法

奶油加熱，用大火烹炒玉米粒並調味。

配料

紫蘇花穗／壺漬蘿蔔（切丁）

焦點POINT

美味程度猶如進階版的「奶香帆立貝」

蛤蜊佐牽絲起司醬

瑞士 | 炸 | 生海苔・起司 | 酥脆&牽絲 | 活用水果

麵糊中加了啤酒，炸到酥脆的「油炸蛤蜊」上，澆淋會牽絲的「生海苔起司醬」。既酥脆又牽絲的組合實在無懈可擊。副菜的「蘋果通心粉沙拉」既是搭配炸蛤蜊的沙拉，也能當成沾醬，蘋果的清爽甜味徹底展現出輕盈感。

主菜 油炸蛤蜊

材料

蛤蜊（去殼，汆燙）／已調味油炸用麵糊（麵粉、太白粉、小蘇打粉、鹽、黑胡椒、醬油、啤酒）

作法

將數個蛤蜊一起沾裹麵糊，炸成什錦天婦羅。

MEMO

・麵糊要沾厚一點，炸到酥脆

醬汁 生海苔起司醬

材料

起司（加熱可融化）／生海苔／醬油／牛奶

作法

將所有材料放入微波爐微波或下鍋加熱，讓起司融化並拌勻。

MEMO

・生海苔的海味較重，才不會輸給起司。沒有的話可用青海苔或燒海苔代替

副菜 蘋果通心粉沙拉

材料

通心粉（汆燙）／洋蔥、蘋果（切小塊）／壺漬蘿蔔（切丁）／青蔥（切小塊）／辣椒醬／酸奶油／美乃滋／紅酒醋／黑胡椒／鹽／日式高湯醬油

作法

混合調味料，與通心粉、蔬菜、蘋果拌勻。

MEMO

・調味要夠重，才適合配飯

副菜 白酒蒸鮮蔬

材料

蘑菇（切薄片）／綠花椰菜（切塊）／鹽／黑胡椒／白酒／奶油

作法

奶油加熱，放入蔬菜烹炒，澆淋白酒，蓋上鍋蓋悶蒸。

MEMO

・將花椰菜煮軟，才能與米飯結合

焦點POINT

這道丼飯就像是瑞士的起司鍋與什錦炸物的相遇。丼飯的炸物可不只有豬排或天婦羅，口感輕盈酥脆的什錦炸物也是很好的選擇

南太平洋風味
爽口帆立貝

薩摩亞　｜醃泡｜　椰奶　｜從薩摩亞邁向日本的偉大故事

薩摩亞的「Oka」是一種用椰奶醃泡海鮮的料理。這道丼
飯的主角就是仿照Oka做成的「椰奶醃泡立貝」，搭配上
「Sapasui中華風味褐藻」。Sapasui是薩摩亞常見的「冬
粉湯」。褐藻和帆立貝無論在味道或口感上都非常相搭。

主菜 Oka 椰奶醃泡帆立貝

材料

生帆立貝／椰奶／萊姆汁／萊姆皮／鹽／黑胡椒／蒜
泥／鷹爪辣椒／醬油／昆布茶／小黃瓜、白蔥、蘘荷（切
薄片）／青蔥（切塊）／小番茄（切半）／橄欖油

作法

將所有材料拌勻，靜置入味。

副菜 Sapasui 中華風味褐藻

材料

粗褐藻（切段）／生薑（切絲）／米醋／鮮味粉／醬油／
味醂／日本酒／鰹魚高湯粉／昆布茶

作法

混合調味料，與褐藻拌勻。

副菜 佃煮羊栖菜

材料

乾燥羊栖菜（浸水泡開）／醬油／味醂／日本酒／砂糖
／鰹魚高湯粉

作法

將鹹甜的羊栖菜煮到收汁。

配料

椰子粉（乾煸炒香）、青海苔、鹽／蒜片（剉碎）

焦點POINT

位於南太平洋小島國家「薩摩亞」才有的滋味終於傳至日本「島」，
做成了「丼飯」（譯註：島與丼的日文發音相近），這樣的故事性是
不是很有吸引力呢

峨螺山藥牽絲丼

日式 | 醃漬 | 醋・醬油 | 生菜香氣 | 很多喜愛者的關鍵字

「沒什麼胃口時，想要吃點順口好入喉的東西」，這道丼飯
就如此爽口。「醋味山藥牽絲和布蕪」跟峨螺非常相搭，那
黏稠糊狀的口感能讓飯嘗起來更美味。佐上洋蔥、蘘荷、蔥
等生鮮蔬菜，其苦味及香氣都是恰到好處的點綴。

主菜 峨螺漬

材料

生峨螺／飛魚卵／味醂／日本酒／麻油／鹽／砂糖

作法

將所有材料拌勻。

MEMO

・調味偏淡，能蓋過貝類的腥味即可

副菜 醋味山藥牽絲和布蕪

材料

和布蕪※／山藥（切粗丁）／滑菇／米醋／檸檬汁／日式
高湯醬油／柴魚／鹽／砂糖

※譯註：「和布蕪」（めかぶ）為海帶芽末端生殖細胞聚
集的部位

作法

混合調味料，與食材拌勻。

MEMO

・調味要夠重，才適合配飯品嘗

配料

洋蔥（切薄片）／蘘荷、白蔥（輪切）／青蔥

焦點POINT

以「爽口丼飯」為主軸，讓味道清淡的峨螺為擔任主角。料理名
裡的「山藥牽絲」是能增加更多喜愛者的關鍵字

京芋濃郁蛤蜊
巧達濃湯

| 西式 | 煮 | 奶香・京風醬油 | 滋味濃郁的豪邁蓋飯 |

| 化開的口感是賣點 |

這裡的京芋濃郁蛤蜊巧達濃湯不是用喝的，是要「和米飯一起咀嚼品嘗」。也是冷天會讓人吃到很開心「滋味濃郁的豪邁蓋飯」。奶香與醬油的鹹味、高湯的濃郁，中西合併的調味搭配無懈可擊。再以帶黏性的京芋，提升黏稠的濃厚口感。

主菜 京芋濃郁蛤蜊巧達濃湯

材料

蛤蜊（去殼）／培根（切細條）／京芋（汆燙、切小塊）／高湯豆皮條※／洋蔥、胡蘿蔔、芹菜（切粗丁）／乾香菇（切細條）／洋蔥醬／奶油／麵粉／牛奶／鮮奶油／淡奶／蒜泥／雞湯粉／基本調味組合（醬油、味醂、日本酒、日式高湯醬油、鹽、砂糖、鰹魚高湯粉、昆布茶）

※譯註：高湯豆皮條（きざみあげ）：已調味過的條狀乾燥豆皮。

作法

奶油加熱，放入培根與切粗丁的蔬菜，接著加入麵粉拌炒。倒入牛奶拌開，充分加熱且變黏稠後，再加入蛤蜊等其他食材與調味料，將味道做最後調整。

MEMO

・蔬菜切小塊，才能與米飯結合
・主角的蛤蜊量要多
・增加日式高湯醬油，呈現出京都風味
・濃郁效果排名為鮮奶油＞淡奶＞牛奶，比例可依個人喜好
・注意別讓牛奶的腥味太明顯
・把所有食材煮到軟爛入味才好吃

焦點POINT

料理成濃郁黏稠的口感，將那股「黏糊滋味」視為最大賣點

副菜 醋味小番茄

材料

小番茄／米醋／檸檬／砂糖／鹽

作法

番茄淋熱水去皮，浸入調味汁中。

MEMO

・酸味要夠重

配料

炸洋蔥／黑胡椒／青蔥

MEMO

・黑胡椒多一些會更適合成人品嘗
・山椒也很搭

牡蠣歐姆蛋

中式 | 炒 | 糖醋味噌・蠔油 | 神隊友高野豆腐
暢銷關鍵字

魚

牡蠣

這道丼飯的靈感來自台灣路邊小吃，能夠以台灣風味品嘗到牡蠣的美味。在使用了麻油的「牡蠣歐姆蛋」上，澆淋「糖醋味噌醬」，醬汁中的味噌與牡蠣非常相搭。「蠔油滷高野豆腐」則是為丼飯增添了既入味又多汁的美味，在分量表現上同樣加分。

主菜　牡蠣歐姆蛋

材料

牡蠣／韭菜、白蔥、山茼蒿（切段）／雞蛋／鹽／黑胡椒／麻油

作法

鍋中倒油加熱，放入牡蠣和蔬菜，調味並加以拌炒，取出備用。接著倒入大量麻油加熱，倒入打散的蛋汁和已經炒過的食材，做成歐姆蛋。

MEMO

・牡蠣要先用日本酒、鹽、太白粉搓揉

副菜　蠔油滷高野豆腐

材料

乾燥高野豆腐（切小塊）／蠔油／醬油／味醂／日本酒／鮮味粉／鰹魚高湯粉／昆布茶／水

作法

煮滾調味料，放入豆腐烹煮。

MEMO

・滷汁可以繼續做成糖醋味噌醬

醬汁　糖醋味噌醬

材料

豆腐滷汁／味噌／米醋／大蒜、生薑（磨泥）／葛粉

作法

混合所有材料，邊攪拌邊加熱直到變濃稠。

MEMO

・挑選自己喜愛的味噌

副菜　炒高麗菜海帶芽

材料

高麗菜（切粗條）／乾海帶芽（浸水泡開，切段）／鹽／黑胡椒／日式高湯醬油／麻油

作法

麻油加熱，以大火烹炒高麗菜與海帶芽並調味。

MEMO

・齒要保留口感

配料

青蔥

焦點POINT

將牡蠣烹調成能增進食慾的中式滋味，作為下飯的配菜。
人氣關鍵字「歐姆蛋」讓丼飯變得更暢銷

豐富海鮮燉菜

| 巴西 | 燉煮 | 番茄・椰奶 | 巴西風味芋頭沙拉也是新體驗 |

在添加椰奶製成的巴西海鮮燉菜「Moqueca」上，擺放蓮藕、牛蒡等日式蔬菜，為丼飯增添熟悉感與口感。副菜的芋頭沙拉是巴西烤肉會使用的「Vinaigrette」油醋滋味，能更加享受到巴西風味。

主菜 **巴西海鮮燉菜**

材料

冷凍綜合海鮮／醃泡液：香菜（切粗末）、青蔥（切小塊）、蒜泥、橄欖油、檸檬汁／鹽／黑胡椒／洋蔥、白蔥、蓮藕、牛蒡、紅甜椒（切小塊）／乾香菇（浸水泡開後切塊）／番茄丁／醬油／味醂／鰹魚高湯粉／昆布絲／紅椒粉／紅辣椒粉／白酒／椰奶

作法

醃泡海鮮。炒蔬菜時，將醃泡好的海鮮和汁液一起倒入，接著加入番茄丁和椰奶，調味並燉煮。

MEMO

・也要加入泡香菇汁液

副菜 **油醋風味芋頭沙拉**

材料

芋頭（汆燙，切小塊）／小黃瓜、洋蔥、紅甜椒、秋葵（切粗丁）／紅酒醋／醬油／蒜泥／鹽／胡椒／鰹魚高湯粉／昆布茶／橄欖油

作法

拌勻調味料，芋頭邊稍作搗爛邊與調味料混合，接著加入其他蔬菜並調整味道。

配料

香菜

焦點POINT

濃郁的椰奶風味，提升與米飯的契合度

濃郁奶香鱈魚

日式　　奶油・醬油・海苔

鱈寶與雞蛋表現卓越　　佐醬的呈現手法

鱈魚卵、奶油、醬油和海苔絲。鱈魚卵義大利麵其實已經證明了這個組合是美味的。為了讓這樣的組合擁有與米飯相搭的滋味和口感，同時還能攝取到蔬菜，丼飯中擺放了「奶香鱈寶」及「炒馬鈴薯條」。

主菜 奶香鱈魚卵（佐醬）

材料

鱈魚卵／融化奶油／醬油／味醂／蒜泥

作法

混合所有材料。

MEMO

・蒜泥微量即可

副菜 奶香鱈寶

材料

鱈寶（壓碎）／魚板、洋蔥（切粗丁）／巴西利（碎末）／牛奶／奶油／日式高湯醬油／鹽／黑胡椒

作法

奶油下鍋加熱，烹炒魚板及洋蔥，加入壓碎變滑順的鱈寶。接著加入牛奶稀釋並調味，煮熟後放入巴西利。

MEMO

・非常黏稠的奶香滋味

副菜 炒馬鈴薯條

材料

馬鈴薯（切細條）／洋蔥（切薄片）／奶油／卡宴辣椒／黑胡椒／鹽

作法

用奶油烹炒馬鈴薯與洋蔥，調味並炒熟。

MEMO

・保留些許口感

副菜 水波蛋

材料

雞蛋／醋／熱水

作法

熱水加幾滴醋，小心放入雞蛋，別讓雞蛋破掉。

配料

海苔絲／鱈魚卵／紅椒粉

焦點POINT

澆淋上「奶香鱈魚卵」佐醬後，能享受到「濃郁」的轉變亦是有趣

福建海鮮和布蕪羹

| 中式 | 煮 | 蠔油 | 呈現出福建炒飯的 CP 值 |

「福建炒飯」是在蛋炒飯上澆淋有餡料的羹湯，能同時享受炒飯與中華丼的滋味，CP值非常高。於是adito將「福建炒飯」加點改變，把「炒蛋」直接撒在米飯上，「海鮮和布蕪羹」使用大量蔬菜，便是一道簡單卻又健康的丼飯。

主菜 海鮮和布蕪羹

材料

冷凍綜合海鮮／和布蕪／蝦米／蘆筍、蒜苗（切小塊）／白蔥（輪切）／香菇（切小塊）／銀杏／日本酒／蠔油／鮮味粉／鰹魚高湯粉／昆布茶／葛粉

作法

油入鍋加熱，烹炒海鮮並取出備用。接著烹炒蔬菜，調味後倒回海鮮，煮到勾芡。

MEMO

・海鮮要先用日本酒、鹽、太白粉攪揉
・食材要切成差不多的大小

副菜 炒蛋

材料

雞蛋／味醂／鹽／黑胡椒／麻油

作法

雞蛋打散和調味料充分拌勻，做成炒蛋。

配料

青蔥

焦點POINT

巧妙發揮炒蛋優點，成了味道及視覺都很棒的「羹飯」

紅生薑
什錦天婦羅

日式 ｜ 炸 ｜ 日式高湯醬油・海苔 ｜ 海苔三重享受的美味&趣味

蔬菜

根菜
紅生薑

208

炸到酥脆的根菜什錦天婦羅能更有飽足感與滿足感。拌在根菜裡的紅生薑能在風味上帶來點綴。與「紅生薑什錦天婦羅」相呼應的是海苔香氣。裡頭集結「生海苔羹」、「青海苔粗蘿蔔泥」、「海苔片天婦羅」，即便同為「海苔」，卻能呈現出多重面向的趣味。

主菜 紅生薑什錦天婦羅

材料

紅生薑、胡蘿蔔、洋蔥、牛蒡（切細條）／已調味的天婦羅麵糊（麵粉、鹽、鰹魚高湯粉、昆布茶、冰水）

作法

蔬菜沾裹麵糊，塑型並炸到酥脆。

MEMO

・蔬菜類先抹點麵粉，麵糊的附著度會比較好
・麵糊要加冰水，才能炸得酥脆

醬汁 生海苔羹

材料

生海苔／日式高湯醬油／味醂／日本酒／葛粉／水

作法

調味汁倒入鍋子加熱，變黏稠後關火，再加入海苔拌勻。

MEMO

・沒有生海苔的話，也可以把海苔片泡水，並在一開始就下鍋加熱

醬汁 青海苔粗蘿蔔泥

材料

粗蘿蔔泥／細蘿蔔泥／青海苔／米醋／鹽／砂糖

作法

將調味料加入蘿蔔泥中拌勻。

副菜 海苔片天婦羅

材料

海苔片／已調味的天婦羅麵糊（麵粉、鹽、鰹魚高湯粉、昆布茶、冰水）

作法

海苔片沾裹麵糊，下鍋炸到酥脆。

焦點POINT
醬汁的「羹湯」搭配上方的「蘿蔔泥」，能讓什錦天婦羅擁有雙重美味

日式熱沾醬

義式　煎燒　大蒜・奶香　鰻魚→鹽辛烏賊的日式鮮味

蔬菜

各式蔬菜

這是靈感來自於義大利「Bagna calda熱沾醬」的蔬菜丼，並將生菜換成了香烤鮮蔬。蔬菜經高溫烘烤後鮮味更加凝聚。醬汁除了有大蒜、鮮奶油，還添加大豆、鹽辛烏賊和鹽昆布。成了蔬菜美味鮮明，和米飯更是相搭的日式熱沾醬。

主菜 香烤鮮蔬

材料

洋蔥／疏苗迷你蘿蔔／紅甜椒／青椒／南瓜／茄子／櫛瓜／高麗菜／秋葵、獅子辣椒（整根，裝飾用）／橄欖油／蒜泥／鹽／砂糖／黑胡椒／雞湯粉／鰹魚高湯粉／昆布茶

作法

將所有蔬菜依自己喜好切成細條、切塊或切薄片。撒入調味料，澆淋橄欖油，放入烤箱以高溫烘烤。

MEMO

· 可以使用任何蔬菜
· 切細一點才方便食用

醬汁 Bagna calda 日式熱沾醬

材料

水煮大豆／大蒜／鹽辛烏賊／鹽昆布（碎末）／鮮奶油／橄欖油／醬油／味醂／鰹魚高湯粉／砂糖

作法

大蒜整顆汆燙煮軟，和大豆一起打成泥，再加入鹽辛烏賊、鹽昆布、調味料煮到收汁。

副菜 醋味乾煸鮮菇

材料

杏鮑菇（切細條）／鴻喜菇／蒜泥／日式高湯醬油／黑胡椒／鹽／砂糖／紅酒醋／橄欖油／奧勒岡葉／月桂葉／辣椒

作法

油下鍋加熱，放入蒜泥炒香，加入菇類。灑點日式高湯醬油，以大火烹炒後，再浸入用紅酒醋和橄欖油做成的調味汁中。

MEMO

· 炒到水分蒸發

配料

高麗菜／秋葵／獅子辣椒

焦點 POINT

將Bagna calda熱沾醬的鯷魚換成鹽辛烏賊，添加醬油和鰹魚高湯粉後，就是「日×義」合併的美味醬汁。黏稠的大豆醬也是美味關鍵所在

豐富玉米丼

美式　炊飯　奶油味噌很配飯

配料的爆米花看了好開心

美國是世界第一的玉米生產國，所以才想說要做這道美式的
「豐富玉米丼」。既然如此當然要徹底發揮玉米的魅力，從
炊飯、湯、炒物，甚至是最後的爆米花配料，為各位獻上滿
滿的玉米。

主菜 玉米炊飯

材料

冷凍玉米粒／米／洋蔥（切粗丁）／鹽／黑胡椒／奶油
／鰹魚高湯粉／昆布茶／日本酒／雞湯粉

作法

用奶油炒玉米粒和洋蔥，加胡椒、鹽調味。洗米，加入湯
汁類與調味料，接著倒入炒好的玉米粒及洋蔥炊煮。

MEMO

・也可以加入1成的糯米

副菜 玉米豆漿味噌湯

材料

冷凍玉米粒／洋蔥／豆漿／味噌／雞湯粉／鹽／黑胡
椒／蒜泥／奶油／味醂／醬油／鰹魚高湯粉／昆布茶

作法

奶油加熱，放入大蒜炒香，接著加入玉米粒和洋蔥拌
炒。用食物調理機打成泥，倒回鍋中，再加入調味料及
玉米粒，加熱煮熟。

MEMO

・希望做出味噌奶油拉麵的湯頭

副菜 奶香玉米蘆筍

材料

冷凍玉米粒／蘆筍（斜切薄片）／蒜泥／鹽／胡椒／巴
西利（碎末）／起司粉／奶油

作法

奶油加熱，放入蒜泥炒香，用大火烹炒玉米粒、蘆筍並
調味。最後加入起司粉及巴西利。

MEMO

・炒到飄香

配料

爆米花／起司粉／辣味香料粉

焦點POINT

玉米搭奶油→奶油搭味噌→味噌搭米飯

213

奶香燉中華蔬菜

中式 | 燉 | 奶香 | 豆腐活用術→油炸 × 提味蔬菜醬

蔬菜
豆腐

這道丼飯除了有滿滿蔬菜，還能攝取到豆腐裡的蛋白質。
「奶香燉中華蔬菜」溫和醇厚的奶香表現跟豆腐非常契合。
跟著豆腐上面的「提味蔬菜醬」一起品嘗也很美味。酥脆的
「炸冬粉」則是能為口感注入變化。

主菜 奶香燉中華蔬菜

材料

大白菜、胡蘿蔔 (切細條)／洋蔥、香菇 (切薄片)／韭菜 (切段)／金針菇／牛奶／淡奶／鮮味粉／醬油／味醂／日本酒／麻油／葛粉／鰹魚高湯粉／昆布茶

作法

用麻油稍微烹炒蔬菜，加入牛奶、調味料煮滾，使其變濃稠。

副菜 炸冬粉

材料

冬粉／鹽

作法

冬粉直接下高溫油鍋油炸，起鍋後撒鹽。

MEMO

・要注意有些冬粉炸了也不會膨脹

副菜 炸豆腐

材料

絹豆腐 (瀝掉水分)／太白粉

作法

豆腐整個裹上厚厚一層太白粉，放入高溫油鍋中迅速油炸。

MEMO

・麵衣要夠厚。也可以換成木棉豆腐，會有不同口感

醬汁 提味蔬菜醬

材料

白蔥／韭菜／鹽／砂糖／大蒜、生薑 (磨泥)／麻油／鮮味粉

作法

將所有材料混合，稍作靜置入味。

MEMO

・生薑多一些，大蒜提味用即可

焦點POINT

豆腐炸過會變得更有口感，擺在米飯上視覺上也會更立體

中華高湯
納豆腐

暢銷丼

中式　山形醬變化版

豆腐活用術→健康食材大集合

這裡直接把一大塊豆腐擺在飯上。把能品嘗到蔬菜美味的
「山形醬」做成中式風味,當成淋醬使用,同時配上納豆。
推薦各位把豆腐搗爛攪拌地豪邁享用。

主菜 豆腐

材料

木棉豆腐(瀝掉水分)

MEMO

・確實瀝乾水分,豆腐鮮味才會凝結在一起

副菜 中華風味山形醬

材料

小黃瓜、茄子(削皮)、白蔥、生薑、大蒜、韭菜(切粗
丁)/柴魚(細絲)/青海苔/醬油/米醋/蠔油/麻
油/鹽/砂糖

作法

將切丁的蔬菜與調味料充分拌勻入味。

MEMO

・加入大量青海苔

副菜 醋味牽絲蔬菜

材料

山藥、小黃瓜、秋葵(切小塊)/麻油/米醋/鹽

作法

將蔬菜與調味料拌勻。

副菜 佃煮木耳

材料

乾木耳(切細條)/醬油/蠔油/味醂/日本酒/鮮味
粉/鰹魚高湯粉/昆布茶/砂糖

作法

木耳浸水泡開,與調味料一起煮到收汁。

MEMO

・調味重一些,才能帶來點綴

配料

納豆/青蔥(加量)

焦點POINT

雖然全是健康食材,豪邁拌勻品嘗卻能享受到「無比」的滿足感

健壯乾咖哩

| 印度 | 炒 | 辛香料&多到驚人的用料 | 日本蔬菜&印度 |

蔬菜

蔬菜
豆腐

這道「豆腐夏蔬乾咖哩」丼飯沒有放肉，而是靠辛香料展現各種風味。除了大量蔬菜外，更添加羊栖菜，提高營養價值。當中還仿照印度的「Raita」香料優格以及「Achar」醃菜，以日本夏季時蔬做成副菜。

主菜 豆腐夏蔬乾咖哩

材料

豆腐（瀝掉水分）／洋蔥、生薑、大蒜（切丁）／秋葵、苦瓜、蓮藕（切薄片）／小番茄（切半）／毛豆／乾燥羊栖菜／基本調味組合（醬油、味醂、日本酒、日式高湯醬油、鹽、砂糖、鰹魚高湯粉、昆布茶）／孜然（顆粒）／葛拉姆馬薩拉香料／以下材料可以喜好添加：黑胡椒、薑黃、孜然、芫荽、小豆蔻、丁香、紅辣椒粉、肉桂粉

作法

切丁的蔬菜和辛香料先下油鍋炒香，接著加入豆腐、羊栖菜並調味。以大火炒成顆粒狀後，再加入其他蔬菜繼續拌炒。

MEMO

・豆腐要充分瀝乾

焦點POINT

雖然是無肉「乾咖哩」，用料卻多到驚人，香辣滋味也令人滿意

副菜 Raita 優格風味小黃瓜

材料

小黃瓜（輪切）／希臘優格／蒜泥／鹽／孜然粉、紅辣椒粉

作法

將小黃瓜與調味料拌勻。

MEMO

・也可以使用瀝掉乳清的優格

副菜 Achar 印式檸檬漬蘘荷

材料

蘘荷（縱切）／蒜泥／米醋／檸檬汁／孜然、薑黃、紅辣椒（粉）／鹽／鰹魚高湯粉／昆布茶

作法

將蔬菜浸入混合好的調味料中，靜置一晚以上使其充分入味。

配料

炸洋蔥／青蔥

MEMO

・有香氣的堅果類也很適合

香燉鮮蔬

喬治亞　　燉滷　　番茄・醬油　　副菜香氣也很馥郁

遙遠國度吸睛的異國蔬菜料理

這道丼飯試著將「Ajapsandali」、「Pkhali」、「Ojakhuri」三種喬治亞料理結合再一起。Ajapsandali香燉鮮蔬加入了日式調味料，變得更適合配飯。菠菜和胡桃為主角的Pkhali，以及充滿香草氣息的Ojakhuri炒馬鈴薯都是日本人喜愛的滋味。

主菜 Ajapsandali 香燉鮮蔬

材料

洋蔥、茄子、馬鈴薯、獅子辣椒（切小塊）／香菜、青蔥（碎末）／蒜泥／番茄丁／月桂葉／辣味香料粉／芫荽／黑胡椒／檸檬汁／基本調味組合（醬油、味醂、日本酒、日式高湯醬油、鹽、砂糖、鰹魚高湯粉、昆布茶）

作法

用油烹炒洋蔥和馬鈴薯，接著加入其他蔬菜及調味料，蓋上鍋蓋燜煮到軟爛。

MEMO

‧只有使用調味料及蔬菜本身的水分，所以偶爾要從底部翻炒，以免燒焦

副菜 Pkhali 蔬菜胡桃泥

材料

菠菜（汆燙）／洋蔥／香菜／胡桃（稍微煎過）／蒜泥／紅酒醋／鹽

作法

將所有材料放入食物調理機打成粗泥。

副菜 Ojakhuri 辛香風味炒馬鈴薯

材料

馬鈴薯（切方條，汆燙）／香菜、蒔蘿（碎末）／紅椒粉／黑胡椒／鹽／紅酒醋／橄欖油

作法

鍋中倒入大量的油，把馬鈴薯煎到酥脆。調味後，關火，與香草拌勻。

MEMO

‧沒有新鮮香草的話也可以用乾燥香草

配料

巴西利（碎末）

MEMO

‧沒有新鮮香草的話也可以用乾燥香草

焦點POINT

在遙遠的國度發現很棒的蔬菜料理！
是充滿驚奇與感動的蔬菜丼

黃金週期間，
adito 供應的特別餐「成人午餐」
有著高人氣

adito在黃金週期間供應的特別餐「成人午餐」非常受歡迎。adito總是在丼飯擺入繽紛多樣的料理，而這道特別餐堪稱是adito丼飯的混搭版。文中介紹的「成人午餐2019」（含稅1600日圓）包含了總計15項以adito經典料理、健康取向「發酵食品」為主軸的菜餚，整體概念為「熟食寶箱」。外觀看起來充滿童心，滋味卻偏向成年人的樸實表現正是adito才有的風格。

成人午餐

暢銷品

〈2019內容〉
・名物炸雞
・炸蝦（佐和風海苔塔塔醬）
・章魚香腸
・各式炸義大利麵（煙燻鹽味）
・高麗菜沙拉（高麗菜、紫高麗菜、香菜、洋蔥、檸檬鹽醬汁、炸紅蔥）
・韓式小漢堡排（韓式辣椒醬、融化起司、青蔥）
・三熱蔬菜鹽麴串（小番茄、山藥、小黃瓜）
・義式馬鈴薯沙拉（馬鈴薯、紅甜椒、洋蔥、綠·黑橄欖、酸豆、起司粉）
・番茄味噌味柏餅（魚板、番茄味噌醬、青紫蘇）
・醋漬造型蘿蔔
・日式滷花椰
・柳橙
・日式高湯蛋捲佐adito自製辣油（番茄醬、美乃滋、毛豆、辣油）
・小缽：燉蘿蔔湯（白蘿蔔、豌豆、飛魚高湯）
・小缽：黑醋風味鯖魚絲、青椒、玉米筍

賣點
・以adito熱賣的經典日式炸雞與日式高湯蛋捲為主軸，搭配上多樣常見的熟菜
・將日式高湯蛋捲做成蛋包飯形式
・2019年的主題為世界各地的發酵食品
・外觀看起來充滿童心，滋味卻偏向成人的樸實表現
・旗子背面每年都會寫不一樣的一段話也是焦點

整體POINT
・熟菜寶箱，激發客人童趣的興奮之情

adito親授！
便利美味醬汁

adito的丼飯使用到大量自製醬汁。其中較常見的包含了「塔塔醬」、「山形醬」、「蔬菜泥醬」，都是能與各類食材或料理結合的「便利美味醬汁」。這些醬汁又可以變化成日、西、中式等不同風味，輕輕鬆鬆就能有更多樣的味道表現。接下來會列出adito使用的材料，不過這些醬汁並沒有硬性規定「非哪種材料不可」。各位不妨利用下述內容，依自己喜好試著開發「便利的美味醬汁」。

Ⅰ. 塔塔醬

日式　美式

中式　印度

Ⅱ. 山形醬

日式　墨西哥

中式　韓式

Ⅲ. 蔬菜泥

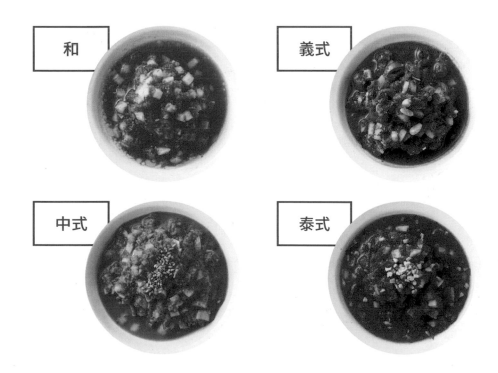

和　義式

中式　泰式

便利的美味醬汁 I
塔塔醬

只要料理名稱裡有提到「塔塔醬」，客人的點餐率就會
增加，塔塔醬就是這麼受大家喜愛，當然更應該使用塔
塔醬。adito會依搭配的食材與料理加以調整塔塔醬的材
料，這裡介紹的是其中一種基本塔塔醬。書中為了讓讀
者更清楚看見使用食材，拍攝時有刻意減少美乃滋的用
量。

塔塔醬基底

材料

・美乃滋①
　（日式高湯醬油、鰹魚高湯粉、昆布茶、
　　鹽、砂糖混合）
・炒蛋②
・壺漬蘿蔔③
・蕗蕎④

adito的塔塔醬會使用切粗丁的壺漬蘿蔔和
蕗蕎。以兩種食材來取代洋蔥，配飯品嘗時
會更美味。另外還能避免變苦澀、出汁，擺
放天數也較長，口感表現佳，自我風格亦是
鮮明。會加入炒蛋則是因為能跟美乃滋充
分結合。

日式塔塔醬

材料

- 塔塔醬基底
- 豆腐 ①
- 芥末 ②
- 青海苔 ③

加了豆腐（瀝掉水分）的「日式塔塔醬」。加了豆腐感覺會更健康，口感也會更柔和。同時以芥末注入辛嗆滋味，青海苔則是增添海味。基本上塔塔醬能用來搭配所有炸物，不過日式塔塔醬卻也很適合搭配烤牛肉。

美式塔塔醬

材料

· 塔塔醬基底
· 番茄醬①
· 巴西利 ②
· 伍斯特醬 ③
· 培根調味粒④
· 黃芥末 ⑤
· 芹菜 ⑥
· 玉米粒⑦
· 黑胡椒

加入番茄醬，製成美式風味塔塔醬。培根調味粒的鹹味及硬脆口感能帶來點綴，黃芥末則是讓整體風味更一致。推薦與炸雞排、炸薯條一起品嘗，都會非常合適。

中式塔塔醬

材料

- ・塔塔醬基底
- ・皮蛋 ①
- ・蠔油滷木耳 ② ※
- ・枸杞、蝦米 ③
- ・炸洋蔥 ④
- ・青蔥 ⑤

※ 將乾燥的木耳細條浸水泡開，與調味汁
（蠔油、醬油、味醂、日本酒、砂糖、鹽）做
成像佃煮的滷物

皮蛋粗丁與蠔油滷木耳讓視覺更加分的中
式塔塔醬。塔塔醬裡的皮蛋扮演著「蛋」的
角色，負責讓食材融合為一的處理方式相
當有趣。除了能搭配炸物享用外，與涮豬肉
一起品嘗也能感受到嶄新的美味。

印度塔塔醬

材料

- ·塔塔醬基底
- ·咖哩粉 ①
- ·孜然籽 ②
- ·優格 ③
- ·炸洋蔥 ④
- ·福神漬 ⑤

加入了咖哩粉、孜然籽、優格的「印度風味」版本。抹在土司品嘗很美味外,搭配炸物裡的炸竹筴魚更是絕讚無比。說到咖哩,當然少不了福神漬。會加福神漬雖然是為了增添趣味效果,但實際在顏色與口感表現上都非常傑出。

便利的美味醬汁 II
山形醬

「山形醬」是山形相當知名的鄉土料理。醬汁中富含蔬菜，就算用來配飯也相當合適的美味料理。adito則是將山形醬作為各類食材會料理醬汁做活用。除了有墨西哥風味山形醬、中華風味的變化版外，還有添加泡菜及韓國海苔的韓式風味山形醬。

山形醬基底

材料

- 基本調味組合 ①
  （日式高湯醬油、味醂、米醋、鰹魚高湯粉、昆布茶、鹽、砂糖）
- 茄子 ②
- 小黃瓜 ③
- 秋葵 ④
- 生薑 ⑤
- 昆布絲 ⑥

這裡使用了夏季食蔬的茄子、小黃瓜等，山形醬實際上會添加的大量蔬菜做成基底。帶黏稠度的醬汁更容易與米飯結合，所以adito的山形醬裡絕對少不了秋葵。昆布絲也是能增加與米飯契合度的食材。

日式山形醬

材料

- 山形醬基底
- 紫蘇・紫蘇花穗 ①
- 蘘荷 ②
- 和布蕪 ③
- 鹽昆布 ④
- 薑片 ⑤

紫蘇、紫蘇花穗及蘘荷能加重日式香氣,和
布蕪則能讓醬汁變得更黏稠。加入切成大
塊的切片後,風味令人更印象深刻。光是這
樣就非常下飯,能作為各種料理的醬汁,與
溫泉蛋更是絕配,請讀者們務必試試。

墨式山形醬

材料

- 山形醬基底
- 番茄 ①
- 酪梨 ②
- 洋蔥 ③
- 紅辣椒 ④
- 香菜 ⑤
- 辣味香料粉 ⑥
- 檸檬汁

這是墨西哥風味的「西式」山形醬。番茄的清爽酸味及甜味，香菜的獨特香氣能提升風味，紅辣椒及辣味香料粉則為辣度加分。裡頭更加入了切小塊的酪梨，不僅能在口感上增添趣味，品嘗起來也更加滿足。

中式山形醬

材料

- 山形醬基底
- 韭菜 ①
- 白蔥 ②
- 筍乾 ③
- 紅辣椒 ④
- 山椒 ⑤
- 白芝麻 ⑥
- 海帶芽 ⑦
- 麻油
- 大蒜

「中華風味」版本的山形醬加了切成粗丁
的韭菜、白蔥、筍乾。韭菜的風味印象令人
最為深刻，食慾隨之大開。說到中華風味，
當然少不了氣味刺激的山椒。各位請依食
材與喜好，調整山椒的用量與辛嗆程度。

韓式山形醬

材料

- ·山形醬基底
- ·泡菜 ①
- ·韓國海苔 ②
- ·豆瓣醬 ③
- ·綠辣椒

代表著韓國的泡菜。泡菜與山形醬的組合或許讓人意外，不過兩者卻相當契合。像是在米飯擺放瀝掉水分的豆腐，佐上放有泡菜的山形醬，豪邁混拌後品嘗可是非常美味。與韓國海苔的風味同樣相搭，十分下飯。

便利的美味醬汁Ⅲ
蔬菜泥

說到磨泥，各位應該都會想到「白蘿蔔泥」，不過添加其他蔬菜後，味道反而會變得更豐富。adito會使用以洋蔥、胡蘿蔔泥與各種調味料混製而成的「蔬菜泥」。製作上雖然需要花點工夫，卻能呈現出嶄新的美味與令人印象深刻的原創性。

蔬菜泥基底

材料

・基本調味組合
（日式高湯醬油、味醂、米醋、鰹魚高湯粉、昆布茶、鹽、砂糖）
・胡蘿蔔 ① ②
・白蘿蔔 ① ③　磨泥與切粗丁
・洋蔥　①④
・芹菜 ⑤

製作時的重點在於要混合洋蔥、胡蘿蔔與白蘿蔔的「細泥」和「粗丁」。磨泥能讓食材彼此更加融合，粗丁則是增添了蔬菜風味，為口感帶來點綴。這樣的蔬菜泥非常適合沙拉與各類烤物。

日式蔬菜泥

材料

- 蔬菜泥基底
- 沙拉油 ①
- 生薑 ②
- 米醋

另外添加的材料雖然不多，但最大特色在於使用了生薑。加了生薑後味道變得更鮮明，第一口就能整個翻轉對醬汁的印象。生薑還能淡化魚腥味，所以非常推薦用了生薑的蔬菜泥與青皮魚做搭配。

義式蔬菜泥

材料

- 蔬菜泥基底
- 蘿勒醬 ①
- 大蒜 ②
- 芹菜 ③
- 橄欖 ④

「義式風味」版本的蔬菜泥。加入羅勒醬後，立馬成為「正宗義大利！」風味。用輪切的橄欖作為點綴也相當有成效。義式蔬菜泥與肉類料理十分相搭，推薦澆淋在乾煸豬肉上，可是極為美味。

中式蔬菜泥

材料

- 蔬菜泥基底
- 白蔥 ①
- 芝麻醬 ②
- 大蒜 ③
- 麻油
- 黑醋

中華風味蔬菜泥加入了芝麻醬，這麼一來，蔬菜泥的清爽口感就能注入芝麻的濃郁，營造出嶄新美味。白蘿蔔與洋蔥的苦味也會因為芝麻醬變得更柔和，就算是「不愛吃蔬菜」的人也會喜歡這樣的滋味。

239

泰式蔬菜泥

材料

- 蔬菜泥基底
- 甜辣醬 ①
- 香菜 ②
- 花生 ③
- 檸檬汁

這是加了甜辣醬的「泰式風味」蔬菜泥。以香菜提味能更增添泰國元素。日本喜歡泰式料理的人很多，所以想要將肉類或魚類料理做成「跟平常不太一樣的風味」時，這道泰式蔬菜泥就是非常便利的醬汁。

還有這些「提味」元素

接著要跟各位介紹adito的「自製常備提味」用料。想要增添鮮味,想要讓味道有變化的時候,自製提味用料就更顯重要。書中介紹的丼飯調味料基本上都是用常見的材料製成,adito本身也會使用這裡提到的自製提味用料。

① adito 提味用的終極殺手鐧

adito粉

除了有鰹魚、飛魚、沙丁魚粉,還加入了香菇、昆布、蜆仔、大蒜、鹽麴粉末以及一味辣椒粉混拌而成。當中集結各種鮮味,孕育出和風滋味。要備妥這麼多材料很費工夫,所以adito粉並非絕對必要,但如果能將書中丼飯材料裡常出現的「鰹魚高湯粉」換成「adito粉」的話,就能讓美味更加分。這就是在我們店裡被稱簡稱為「adito」,用來提味的重要粉末。

② 結合日式食材的原創性

多料辣油

材料包含了洋蔥、紅蔥、蒜酥、蝦米、柴魚、青海苔、奈良漬、醬油、蜂蜜、一味唐辛子、豆瓣醬、麻油、日式高湯醬油、鹽昆布、砂糖和鹽，做成了包含日本食材的特製辣油，就是最下飯的厲害配料。既可以用來炒中式料理，也可以作為拌料運用。

③ 增添醬油的濃郁及鮮味

大蒜醬油

將整顆蒜頭浸入大豆醬油、醬油、砂糖、昆布調配的醬汁中。如此一來不僅能呈現出醬油的濃郁及鮮味，也很適合加入搭配多樣食材的炒物。用來澆淋TKG雞蛋拌飯更是絕配，把切大塊的蔬菜浸入大蒜醬油亦是美味。

④ 仿墨西哥風自製調味料

醋漬紅辣椒

以紅辣椒、米醋、紅酒醋、昆布、整顆蒜頭醃漬成「嗆辣風味醋」自製調味料。做成炙烤料理的沾醬或沙拉淋醬，就能展現出鮮明的墨西哥風味，也能當成另一種風味的醋物調味料。醃漬類的自製調味料放置愈久，食材彼此的味道就會更相容，有助增添鮮味及濃郁度。

⑤ 味道爽颯的微辣醬油

醬油漬綠辣椒

以綠辣椒、大豆醬油、昆布、整顆蒜頭醃漬而成。屬於口感清爽的「微辣醬油」，適合和其他佐料一起放在豆腐上。接近韓式的風味相當適合與肉類品嘗。當然也可以直接當成下酒菜享用。

⑥ 孕育出高尚的日式香氣

鹽漬柚子

把「鹽漬檸檬」的檸檬換成柚子。心想「既然有鹽漬檸檬，做成鹽漬柚子應該不成問題」，於是有了柚子版本的鹽漬檸檬。柚子能孕育出高尚的日式香氣，讓味道呈現更加多元。醃漬類的自製調味料在備料時，可以對食材的切法多費點功夫，提升使用的便利性。

⑦ 從燒物到淋醬的萬能武器

鹽漬檸檬

以日本產檸檬、海鹽（20%）、砂糖醃漬而成的「鹽漬檸檬」。鹹味及酸味在醃漬後會變成醇厚的鮮味，檸檬皮的苦澀味消失，口感會變得柔和，食用整塊檸檬也不成問題。無論是搭配燒物或當成淋醬都很適合，打成泥的話就能作為醬料直接使用。

頁末加碼

生薑果醬

「生薑果醬」是adito也常用在甜點上的自家製調味料。以生薑泥、砂糖、黑糖米醋、鹽製成。風味會比起單純的生薑醬更醇厚濃郁，因此很適合作為滷物的提味元素。

12月分 季節丼

adito的丼飯菜單裡，每年都會在不同月分推出「季節丼」。這些季節丼使用了稍微高價的食材，讓客人能品嘗到相對奢華的滋味。若食材成本較高，售價會高出100～200日圓，即便如此每年還是有許多丼迷們引頸期盼，人氣熱度極高。接下來就為各位介紹「12個月分」的季節丼。

小號牛肉燴飯 2020

暢銷丼

西式 | 煮 | 多蜜醬・赤味噌 | 和風牛肉燴飯

每年1月都會以「和風」的「小號牛肉燴飯」，並依照干支紀年做變化。
2020年是「鼠年」，所以加入大量老鼠喜愛的起司。和風牛肉燴飯的重點
為赤味噌。丼飯中赤味噌與多蜜醬實在是絕配。

主菜 小號牛頰肉燴飯

材料

牛頰肉／紅酒／月桂葉／洋蔥、芹菜、胡蘿蔔、大蒜（磨泥）／鹽／胡椒／洋蔥（切半月形）／赤味噌／多蜜醬／番茄醬／雞湯粉／基本調味組合（醬油、味醂、日本酒、日式高湯醬油、鹽、砂糖、鰹魚高湯粉、昆布茶）

作法

將牛頰肉浸漬於加了月桂葉、蔬菜泥的紅酒中。鍋子倒油加熱，把浸漬過的牛頰肉間到表面變色，接著倒入醃漬牛頰肉用的紅酒、蔬菜泥及調味料一起燉煮。肉煮軟後先取出，放入切好的洋蔥，煮到收汁並調味。將牛頰肉切成適口大小，連同醬汁後一起供應給客人。

MEMO

・赤味噌多一點會更濃郁

副菜 醋味孜然高麗菜

材料

高麗菜（切塊）／胡蘿蔔（切扇形）／孜然籽／檸檬／蒜泥／紅酒醋／米醋／日式高湯醬油／鹽／砂糖

作法

高麗菜撒鹽，擰掉水分，再與胡蘿蔔一起和調味汁拌勻。

MEMO

・酸甜滋味

副菜 奶香玉米

材料

玉米粒／奶油／鹽／胡椒／日式高湯醬油／昆布茶／鰹魚高湯粉

作法

奶油加熱，放入玉米粒，再放入調味料拌炒。

MEMO

・用大火烹炒過才能帶出甜味

醬汁 香融起司

材料

綜合披薩起司絲／牛奶／鮮奶油／白酒

作法

將所有材料放入小鍋子加熱到融化。

MEMO

・可依自己喜好搭配會融化的起司

配料

生洋蔥（切粗丁）／堅果類碎末（胡桃、落花生、南瓜籽、松子、杏仁）

MEMO

・堅果帶有香氣，還能添加口感，可大量使用，任何種類的堅果皆可

焦點POINT　一年之始值得慶祝的1月，選擇了平常不會使用的高價食材以及特色強烈的食材。2020年使用了牛頰肉

戀愛巧克力咖哩

暢銷丼

西式 | 煮 | 咖哩‧黑巧克力 | 情人節巧克力

說到2月當然少不了情人節,所以推出了添加巧克力的咖哩。巧克力與咖哩的味道契合,只要巧克力用量夠多,短時間內就能做出風味濃郁的咖哩。推薦這道「戀愛巧克力咖哩」,給「不愛吃甜的男方在情人節享用」。

主菜 巧克力咖哩

材料

豬五花(肉片)╱洋蔥醬╱胡蘿蔔、芹菜、大蒜、生薑(打成泥)╱大蒜、生薑(磨泥)╱黑巧克力╱咖哩粉╱咖哩塊╱高湯粉╱紅辣椒粉╱胡椒╱醬油╱紅酒╱奶油╱鰹魚高湯粉╱昆布茶

作法

用奶油烹炒五花肉,加入紅酒、蔬菜類與調味料繼續烹煮,最後加入咖哩塊與巧克力調整味道。

MEMO

・蔬菜水分不夠的話,可再添加日式高湯
・肉片不需要長時間燉煮
・可換成雞肉、牛肉等豬肉除外的肉類,每年做替換

副菜 奶香炒菠菜

材料

菠菜(切段)╱奶油╱鹽╱黑胡椒

作法

用奶油烹炒菠菜並調味。

MEMO

・胡椒量較多,鹹味較淡

副菜 黃芥末拌胡蘿蔔

材料

胡蘿蔔(切細條)╱黃芥末籽醬╱米醋╱砂糖╱鹽

作法

用鹽搓揉胡蘿蔔,拌入調味料。

MEMO

・使用大量黃芥末籽醬,其他調味料少量即可

醬汁 巧克醬

材料

黑巧克力╱鮮奶油╱日式高湯醬油╱鹽

作法

將所有材料以微波爐或放入小鍋子加熱,充分拌勻。

MEMO

・鮮奶油多一些,讓醬汁更滑順,鹹味也要夠重

配料

薯條╱美乃滋╱青蔥

MEMO

・將薯條炸到酥脆帶香,滿富口感

焦點POINT

紅辣椒粉與胡椒的嗆辣能讓巧克力的甜變收斂

初春散壽司

日式　壽司　春季時蔬　不需要醋飯的拌飯

三月

關西地區的「銀魚釘煮」是春天特有的料理。「初春散壽司」使用了甘露風味滷銀魚。蔬菜餡料本身就充滿醋味，品嘗時與米飯混拌，就能省去製作醋飯的時間。甘露煮的鹹甜味與醋的酸味彼此調和，就是既美味又有魅力的散壽司。

餡料 銀魚甘露煮

材料

銀魚／醬油／味醂／日本酒／白砂糖／黑糖

作法

煮滾調味料，放入銀魚煮到收汁。

MEMO

・味道可以甜一些，要完全煮熟，且帶有亮澤

餡料 鹹甜醋味根菜

材料

蓮藕（切粗丁）／胡蘿蔔、乾香菇（切細條）／蒟蒻（切粗丁）／青海苔／米醋／基本調味組合（醬油、味醂、日本酒、日式高湯醬油、鹽、砂糖、鰹魚高湯粉、昆布茶）

作法

先將蔬菜煮到鹹甜入味，再加醋拌勻備用。連同醬汁與米飯一起混拌。

焦點POINT

顏色滿分！口感有趣！把「春之宴」擺在丼飯上

餡料 裝飾春蔬

材料

油菜（切段）／筍子（切薄片）／碗豆莢（剝開）／蘆筍（斜切薄片）

作法

將蔬菜分別汆燙，切好備用。

MEMO

・稍作汆燙即可，才能保留色澤與口感

餡料 蛋絲

材料

雞蛋／味醂／鹽

作法

雞蛋加味醂與鹽，充分打散。平底鍋加熱，倒入一層薄薄蛋汁煎熟。重疊煎蛋，切成細條狀備用。

MEMO

・想要特別強調黃色的話可多加蛋黃

配料

紫蘇花穗／魚鬆

MEMO

・使用粉紅色的魚鬆。沒有的話可換成顏色繽紛的魚板或漬物做裝飾

春來螢烏賊

日式 ｜ 柚子醋・蛋黃蘿蔔泥 ｜ 春之海鮮 ｜ 滿滿的綠色

這道丼飯是以能感受到春天氣息的螢烏賊為主菜。「柚子醋拌螢烏賊」和「蛋黃蘿蔔泥」的組合能與米飯更合而為一。另外還使用了大量豆類、小松菜等綠色食材，視覺上也能感受到春天的清爽氣息。

主菜 柚子醋拌螢烏賊

材料

螢烏賊（汆燙）／米醋／醬油／味醂／檸檬／昆布茶／鹽

作法

混合調味料，與螢烏賊拌勻。

MEMO

・也可依喜好換成酸橘、柚子等其他柑橘類

醬汁 蛋黃蘿蔔泥

材料

白蘿蔔泥／蛋黃／米醋／日式高湯醬油／鹽

作法

蛋黃與調味料混合後，再加入白蘿蔔泥拌勻。

MEMO

・要先大致瀝掉蘿蔔泥的汁液

副菜 蛋白酥羹

材料

蛋白／蠶豆／青豆仁／日本酒／味醂／昆布茶／鹽／葛粉／水

作法

蛋白加鹽，炒成顆粒狀。將調味料的部分製成昆布茶羹，放入豆類煮熟，再加入蛋白酥。

MEMO

・羹的部分要透明，淡味即可

副菜 佃煮羊栖菜

材料

乾燥羊栖菜／醬油／味醂／日式高湯醬油／鰹魚高湯粉

作法

羊栖菜浸水泡開，放入調味汁中煮軟。

MEMO

・煮成較濃郁且偏甜的佃煮

副菜 涼拌小松菜

材料

小松菜／鹽／醬油／柴魚

作法

將小松菜放入已加鹽的熱水汆燙。用力擰乾，和醬油、柴魚拌勻。

MEMO

・為避免有損小松菜的風味，醬油等調味料極少量即可

焦點POINT

不要使用平常會用的白蘿蔔泥，換成「蛋黃蘿蔔泥」更合適。蛋白做成蛋酥，避免浪費

竹筴魚乾雜燴

日式　加入西式蔬菜的拌飯　和洋的絕妙搭配

五月

只要將匯集了鮮味的魚肉跟米飯混合，就能發揮魚乾的美妙滋味。這道丼飯使用了竹筴魚乾。與疊在上方的「三色涼拌菜」混合品嘗，還能享受到其中的清爽美味。日式乾物與西式的芹菜、西洋菜譜出的絕妙搭配。

主菜 竹筴魚乾雜燴

材料

竹筴魚乾（烤過剝碎）／西洋菜（切段，取用菜梗部分）／加工起司（切小塊）／白芝麻／蕗蕎、壺漬蘿蔔（切粗丁）

作法

將所有材料與溫熱米飯拌勻。

MEMO

・西洋菜的葉子會留做裝飾用。換成山茼蒿會更有日式風味
・把白芝麻換成胡桃也很適合

副菜 三色涼拌菜

材料

芹菜、胡蘿蔔、白蘿蔔（切細條）／米醋／黑胡椒／鷹爪辣椒／砂糖／鹽／昆布茶

作法

將混好的調味汁與蔬菜拌勻。

MEMO

・黑胡椒加量
・紮實的酸甜滋味

配料

芝麻葉／加工起司（切小塊）／海苔絲

MEMO

・使用芝麻葉嫩葉部分

焦點POINT

隨興撒上的起司風味醇厚，扮演著和洋相融的角色

鰹魚精力 韓國冷湯

韓式 　拌泡菜 　米飯周圍淋冷湯 　夏之魚

這道丼飯是由代表日本夏天的「鰹魚」和「冷湯」共演，不過味道走「韓國精力元素」路線，因此是日韓合併丼。稻燒炙烤鰹魚原本就跟大蒜很搭，跟韓國泡菜的契合度更是不在話下。泡菜還能減少鰹魚的腥味，跟味噌冷湯也很相搭。

主菜 鰹魚佐泡菜

材料

稻燒炙烤鰹魚（切成適口大小）／大白菜泡菜／胡蘿蔔（切細條）／韭菜（切段）／麻油／味醂／醬油

作法

將所有材料輕輕拌勻。

MEMO

・用泡菜調整整體風味

副菜 韓國冷湯

材料

豆腐／味噌（抹成薄薄一層並烤過）／豆漿／飛魚高湯粉／水／基本調味組合（醬油、味醂、日本酒、日式高湯醬油、鹽、砂糖、鰹魚高湯粉、昆布茶）

作法

用調味料稀釋味噌，放入碾碎的豆腐，稍微拌勻。

MEMO

・要將味噌烤到變焦色，才能發揮味噌本身的香氣
・飛魚高湯粉帶有獨特風味，不過其他食材的味道也夠強烈，因此可用可不用
・供應時要事先充分冰鎮

副菜 涼拌鮮蔬

材料

白蘿蔔、白蔥、小黃瓜、胡蘿蔔、蘘荷（切細條）／蒜泥／麻油／鹽／砂糖

作法

用調味料輕拌蔬菜。

MEMO

・可用紫蘇代替蘘荷

配料

紅辣椒絲／白芝麻

焦點POINT　在米飯周圍澆淋「冷湯」，呈現出丼飯才有的豪邁感

番茄鮮蔬醬

日式　醃泡　整顆番茄的視覺衝擊　滿滿夏季時蔬

這道丼飯的主角非魚非肉，而是番茄。副菜的「山形醬」同樣使用「滿滿夏季時蔬」，是非常健康的丼飯。山形醬本身的風味就很爽口，再加上番茄的酸味，因此能享受到無比爽颯的美味。這般爽口的滋味還是能與米飯如此契合，正是山形醬的魅力之處。

主菜 醃泡全番茄

材料

番茄（淋熱水去皮）／造型胡蘿蔔（星型）／日式高湯醬油／米醋／砂糖／鹽

作法

將番茄與胡蘿蔔浸漬於調味汁中至少一晚使其入味。

MEMO

・胡蘿蔔為最後裝飾用，也可不用切成星型

副菜 山形醬

材料

茄子、小黃瓜、蘘荷、秋葵（切薄片）／黃麻（切丁）／鹽昆布／紫蘇花穗／醬油／生薑泥／味醂／日本酒／日式高湯醬油／昆布茶

作法

將材料全部混合使其入味。

MEMO

・依照蔬菜的出水量調整日式高湯醬油用量

配料

青紫蘇（切細條）／醃泡星型胡蘿蔔／秋葵、蘘荷（輪切）／五色米果

焦點POINT

能享受到各種蔬菜的鮮味及口感，整顆番茄能帶來相當的視覺震撼

暢銷丼

巴西燉菜fejiaoda

| 巴西 | 燉煮 | 正宗食材 | 盛夏精力丼 |

將巴西的代表性料理「巴西燉菜fejiaoda」淋在飯上,做成8月的「盛夏精力丼」。為了忠實呈現巴西傳統風味,盡可能地挑選在地會用的食材。裡頭包含了豬耳朵、豬皮,連同菜豆一起燉爛,調味主要只用了鹽、胡椒及大蒜,藉此呈現出更有深度的鮮味。

主菜 巴西燉菜 fejiaoda

材料

豬五花、豬耳朵、豬皮、培根 (切成適當大小)／巴西香腸 (linguica,輪切)／洋蔥醬／菜豆 (浸水泡軟)／岩鹽／黑胡椒／蒜泥／醬油／味／鰹魚昆布日式高湯／鰹魚高湯粉／昆布茶／柳橙汁／卡夏莎 (巴西甘蔗酒)

作法

將各部位的豬肉都先炒過,加入洋蔥醬、菜豆與調味料烹煮。煮到菜豆變軟,加入巴西香腸繼續燉煮。

MEMO

・要頻繁翻攪,以免焦掉
・加入卡夏莎可以去除肉腥味,也可以換成其他烈酒

副菜 醃泡高麗菜

材料

高麗菜、胡蘿蔔 (切細絲)／洋蔥 (切薄片)／柳橙汁／檸檬汁／米醋／砂糖

作法

用鹽搓揉蔬菜,瀝掉水分後,與調味料拌勻。

MEMO

・偏甜滋味,可多加點柳橙汁

副菜 蒜炒青菜 couve

材料

小松菜 (切段)／蒜泥／鹽

作法

油加熱,放入蒜泥炒香,接著將小松菜充分炒熟並調味。

MEMO

・小松菜的菜梗要切細一點
・巴西當地會炒羽衣甘藍。巴西燉菜一定要配上couve炒青菜、炸樹薯和柳橙3樣經典配菜

配料

樹薯粉／青蔥

MEMO

・樹薯粉可有可無

焦點POINT

直接挑戰正宗風味!不過還是有使用日式調味料,做出日本人喜愛的美味

微辣烤秋刀

中式　燒烤　生薑・豆瓣醬・黑醋　整尾直接擺放

九月

先將青皮魚用生薑、紅辣椒的調味汁浸漬，去除腥味再燒烤的話，客人的接受度會更高。主菜的「香烤秋刀魚」也使用了這樣的處理手法。白蘿蔔則是做成「黑醋蘿蔔泥」，可以品嘗到不太一樣的風味。滿富油脂的秋刀魚和副菜「炒馬鈴薯」同樣是最佳拍檔。

主菜 香烤秋刀魚

材料

秋刀魚（去頭去內臟）／生薑泥／豆瓣醬／醬油／味醂／日本酒／鰹魚昆布日式高湯

作法

秋刀魚浸漬於調味汁一晚後再燒烤。

MEMO

・可依喜好調整醃漬時間

醬汁 黑醋蘿蔔泥

材料

細蘿蔔泥／粗蘿蔔泥／黑醋／米醋／日式高湯醬油／砂糖／鹽

作法

瀝掉蘿蔔泥的水分，加入調味料拌勻。

MEMO

・黑醋能使風味變得更濃郁，沒有的話可以只使用米醋，醋味要夠重
・也可把粗蘿蔔泥換成蘿蔔粗丁

副菜 辛辣豆芽菜

材料

豆芽菜／豆瓣醬／日式高湯醬油／鹽

作法

麻油加熱，以大火烹炒豆芽菜並調味。

MEMO

・迅速烹炒，保留豆芽菜的口感

副菜 炒馬鈴薯

材料

馬鈴薯（切方條）／韭菜（切段）／麻油／鹽／醬油／鰹魚高湯粉／昆布茶

作法

麻油加熱，放入馬鈴薯炒熟調味，但要保留馬鈴薯的外型。

MEMO

・也可以將馬鈴薯切成細條狀，這樣炒過還是能保留口感，相當美味

配料

青蔥

焦點POINT

「整尾直接擺放」，從視覺上也能感受到秋天的秋刀魚（品嘗前先去除魚骨，與米飯拌勻後享用美味）

白醬秋鮭

西式 | 煮 | 豐富餡料奶香風味 | 萬聖節

10月
鮭魚

秋季之魚的鮭魚，配上萬聖節應景食材的南瓜，就是這道充
滿秋天山海美味的丼飯。雖然名稱裡只有提到秋天、白醬，
但說得更直白點，其實就是「西洋風五目拌飯」。除了鮭魚
和南瓜外，也使用了其他非常多的蔬菜和菇類，能把餡料
「全部混拌在一起」也是這道丼飯的魅力之處。

主菜 白醬秋鮭

材料

鮭魚（切成適口大小）、培根、南瓜、洋蔥、香菇、蕪菁
（切小塊）／糖漬栗子／銀杏／鴻喜菇／水煮紅豆／高
湯粉／鮮奶油／牛奶／淡奶／奶油／麵粉／白酒／昆布
茶／醬油／鹽／砂糖

作法

奶油加熱，蔬菜裹麵粉後下鍋烹炒，倒入白酒。煮軟後
加入調味料及乳製品，再將味道做最後調整。

MEMO

· 食材盡量切成大小一致
· 醬油是提味用，添加少量即可，避免讓白醬變色
· 最後再加入煮了會變爛的蕪菁與鮭魚，用餘溫使其變
熟

副菜 咖哩炒南瓜

材料

鮭魚（切小塊）／南瓜（切小塊）／蒜泥／奶油／日式高
湯醬油／日本酒／咖哩粉／紅辣椒粉

作法

奶油加熱，放入蒜泥與咖哩粉炒香，加入南瓜、調味料
烹炒。南瓜炒軟後，加入鮭魚繼續稍作烹炒。

MEMO

· 十足的半辣咖哩味

副菜 黃芥末拌蕪菁

材料

蕪菁（切薄片）／黃芥末籽／米醋／檸檬汁／鹽／砂糖

作法

蕪菁撒鹽，出水後擦乾，再與調味料拌勻。

MEMO

· 蕪菁較軟，去除水分時不可用擰的

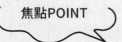

焦點POINT

擺在正中央的咖哩鮭魚及南瓜讓味道出現變化，客人品嘗時才不會覺得膩

暢銷丼

栗子飯＋
多料豬肉味噌湯

| 日式 | 炊・煮 | 味噌 | 秋之饗宴 |

為了能讓客人直接品嘗到鬆軟栗子的甜味，這裡單獨將栗子飯盛裝在茶碗中，連同「多料豬肉味噌湯」做成套餐。這類能夠很有飽足感的套餐是必須加價的超限定品項，但每年很快就會完售。多料豬肉味噌湯的重點不在湯，反而是在品嘗味噌滷物。提味用的奶油讓整體更添濃郁及風味。

主菜 丹波栗子銀寄飯

材料

丹波栗子「銀寄」（去殼）／大麥片／白米／糯米（白米的1成）／日本酒／味醂／昆布茶／鹽／水

作法

將米麥類洗過後，加入栗子和調味料炊煮。

MEMO

・極少量的調味料

主菜 多料豬肉味噌湯

材料

豬五花（肉片）／洋蔥（切粗條）／胡蘿蔔、白蘿蔔（切扇形）／牛蒡、蓮藕（滾刀切）／蒟蒻條／豆皮／味噌／麻油／味醂／日式高湯醬油／昆布茶／水／奶油

作法

麻油加熱，放入五花肉及蔬菜烹炒，加入調味料及水繼續燉煮。撈除浮沫，最後加入奶油增添風味。

MEMO

・味道偏甜
・要充分去除浮沫及油脂

配料

白蔥（輪切）／黑胡椒／芝麻粉　※另外盛裝日式煎蛋與毛豆

MEMO

・可以用七味辣椒粉取代黑胡椒

焦點POINT

雖然簡單，卻很享受的栗子飯及豬肉味噌湯，絕對是能暖心暖身的組合

奢華烤牛肉

英式 | 烤 | 洋蔥・生薑・醬油 | 耶誕節

暢銷丼

順應耶誕節，12月當然就是「烤牛肉」丼飯了。將牛肉沾裹以洋蔥、生薑製成，甜醬油味的「可以吃的醬汁」一起品嘗。沾滿醬汁的烤牛肉配上白飯實在無懈可擊。蛋黃的醇厚滋味讓整道丼飯的表現更融合。

主菜 烤牛腿肉

材料

牛腿肉塊／蒜泥／鹽／胡椒

作法

肉塊放室內回溫後，用調味料搓揉。平底鍋抹油，將牛腿肉整塊煎過。以兩層鋁箔紙或毛巾包緊保溫，利用餘溫讓裡面變熟。

MEMO

· 平底鍋不用清洗，繼續炒山茼蒿
· 為保留油花較少的紅肉風味及鮮度，煎一分熟即可

醬汁 可以吃的洋蔥醬油汁

材料

洋蔥 (切薄片)／生薑 (切絲)／胡蘿蔔 (切細條)／蒜泥／奶油／基本調味組合 (醬油、味醂、日本酒、日式高湯醬油、鹽、砂糖、鰹魚高湯粉、昆布茶)

作法

奶油放入平底鍋加熱，烹炒蔬菜，加入調味料，以大火煮到水分蒸發收汁。

MEMO

· 濃郁的甜醬油味

副菜 奶油炒山茼蒿

材料

山茼蒿／奶油／鹽／胡椒

作法

奶油放入煎烤過牛肉的平底鍋加熱，稍微拌炒山茼蒿並調味。

MEMO

· 山茼蒿的梗要切細，並先入鍋烹炒
· 也可以換成其他氣味較重的蔬菜

配料

蛋黃／小番茄／山茼蒿

MEMO

· 用山桐蒿嫩葉做裝飾

焦點POINT

烤牛肉、洋蔥醬、蛋黃的三重滋味讓奢華程度加分。蔬菜選用了耶誕節的紅綠配色

豬五花
肉片

暢銷丼

小號豬肉燴飯2019

西式 | 滷 | 多蜜醬‧味噌 | 豬肉燴飯&奶香

這道是P246介紹的「小號燴飯」的「2019年」版本。豬年的2019年是使用丹波產天然豬肉。將燉滷愈久味道愈濃郁的豬肉做成好入口的「和風燴飯」。「奶香燉牛蒡」的牛蒡風味和最後撒上的巴西利同樣能襯托出豬肉滋味。

主菜 小號豬肉燴飯

材料

豬五花（肉片）／洋蔥、香菇（切粗條）／赤味噌／多蜜醬／紅酒／番茄醬／番茄泥／高湯粉／基本調味組合（醬油、味醂、日本酒、日式高湯醬油、鹽、砂糖、鰹魚高湯粉、昆布茶）／大蒜、生薑（磨泥）

作法

鍋子倒油加熱，烹炒五花肉及蔬菜。加入調味料，繼續燉滷。

MEMO

· 多用點生薑與大蒜，蓋過豬肉的腥味
· 浮起的油脂務必撈除乾淨，以免影響醬汁口感。清洗餐具時也會比較輕鬆

副菜 奶香燉牛蒡

材料

牛蒡（削切）／洋蔥醬／奶油／鮮奶油／牛奶／鹽／胡椒／砂糖／麵粉

作法

用奶油烹炒牛蒡與麵粉，加入洋蔥醬及調味料烹煮。

MEMO

· 有餡料的白醬

副菜 甜滷地瓜

材料

地瓜（切小塊）／奶油／味醂／日式高湯醬油／砂糖／鹽

作法

用奶油烹炒地瓜，加入調味料煮軟。

MEMO

· 不要煮爛到變形

配料

胡桃（剁碎）／巴西利（碎末）／迷你番茄

MEMO

· 也可以換成芫荽或山椒

焦點POINT

燴飯＆奶香的「濃郁滋味」令人更滿足

PROFILE

adito

位於東京駒澤公園附近，已開業18年，深受在地居民喜愛的咖啡店。老闆、店長及員工的所有「adito人」都出身關西。菜單除了包含本書主題的知名丼飯，還提供有飲品、甜點、熟菜、酒精飲料及下酒菜，種類相當豐富，無論何時來店都能在舒適無比的空間內享受美食。外帶餐點也非常多元。

東京都世田谷區駒澤5-16-1

03-3703-8181

http://adito.jp/

關於本書的發行

心想著有天應該能出版成冊，這天終於來臨了！
出乎意料的食材搭配，日式、西式、中式，甚至是民族風的完美組合。將原本讓人以為無法搭配的食材，以高超手法結合，這樣的adito料理與甜點又被譽為「超級媒人婆」，用食材譜出絕妙旋律。不單是adito人自己覺得驚豔，就連專業料理人也會讚嘆「原來是這樣料理的！」猜猜裡頭到底放了哪些食材也變得非常有趣！

Jaffa：森田浩史

Blog：https://ameblo.jp/pizzanapoletana/

TITLE

輕食丼

STAFF

出版	瑞昇文化事業股份有限公司
作者	adito アヂト
譯者	蔡婷朱

總編輯	郭湘齡
責任編輯	張聿雯
文字編輯	蕭妤秦
美術編輯	許菩真
排版	朱哲宏
製版	明宏彩色照相製版有限公司
印刷	龍岡數位文化股份有限公司

法律顧問	立勤國際法律事務所　黃沛聲律師
戶名	瑞昇文化事業股份有限公司
劃撥帳號	19598343
地址	新北市中和區景平路464巷2弄1-4號
電話	(02)2945-3191
傳真	(02)2945-3190
網址	www.rising-books.com.tw
Mail	deepblue@rising-books.com.tw

初版日期	2022年1月
定價	550元

ORIGINAL JAPANESE EDITION STAFF

編集	亀高 斉　前田和彦（旭屋出版）
撮影	後藤弘行（旭屋出版）
デザイン	島田蘆之莉（モグ・ワークス）

國家圖書館出版品預行編目資料

輕食丼/adito(アヂト)作；蔡婷朱譯. -- 初版. -- 新北市：瑞昇文化事業股份有限公司, 2021.11
272面；18.2x25.7公分
ISBN 978-986-401-527-6(平裝)

1.食譜

427.1　　　　　　　　110016954